国之重器出版工程

制 造 强 国 建 设

智能工业丛书

企业数字化转型与工业 4.0 渐进之路

——电子元器件行业视角

The Roadmap: Digital transformation and Industry 4.0

——Under perspective of electronic components industry

胡耀光 著

姜海洋 焦景勇 审校

電子工業出版社

Publishing House of Electronics Industry

北京·BEIJING

内 容 简 介

　　本书从互联网时代的工业变革出发，立足于电子元器件行业在智能制造背景下的发展需求，探究在工业强基领域实现企业数字化转型与工业 4.0 渐进发展的可行之路。针对建立优质的客户体验、基于数字化转型实现生产过程可视化、面向客户的产品质量追溯等问题，以电子元器件行业视角探讨企业数字化转型的起步、进阶、提升与拓展的渐进发展之路，并结合实际企业的信息化建设与数字化转型历程，详细阐述信息化、数字化乃至智能化的相关技术在电子元器件企业全生命周期运营过程中的具体应用。

　　本书适于从事企业数字化转型、数字化设计与制造、智能生产等方面研究与开发实践的工程技术与企业管理人员阅读，也可作为高等院校相关专业教师、研究生和高年级本科生的参考书。

　　未经许可，不得以任何方式复制或抄袭本书之部分或全部内容。

　　版权所有，侵权必究。

图书在版编目（CIP）数据

企业数字化转型与工业 4.0 渐进之路：电子元器件行业视角 / 胡耀光著．—北京：电子工业出版社，2019.5
ISBN 978-7-121-36375-7

Ⅰ．①企⋯　Ⅱ．①胡⋯　Ⅲ．①自动化技术—应用—电子元器件　Ⅳ．①TN6-39

中国版本图书馆 CIP 数据核字（2019）第 073045 号

策划编辑：张正梅
责任编辑：张正梅　　特约编辑：余敬春 等
印　　刷：固安县铭成印刷有限公司
装　　订：固安县铭成印刷有限公司
出版发行：电子工业出版社
　　　　　北京市海淀区万寿路 173 信箱　邮编　100036
开　　本：720×1000　1/16　印张：14　字数：246 千字
版　　次：2019 年 5 月第 1 版
印　　次：2019 年 5 月第 1 次印刷
定　　价：68.00 元

　　凡所购买电子工业出版社图书有缺损问题，请向购买书店调换。若书店售缺，请与本社发行部联系，联系及邮购电话：（010）88254888，88258888。

　　质量投诉请发邮件至 zlts@phei.com.cn，盗版侵权举报请发邮件至 dbqq@phei.com.cn。

　　本书咨询联系方式：（010）88254757。

《国之重器出版工程》
编 辑 委 员 会

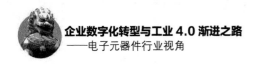
专家委员会委员（按姓氏笔画排列）：

于　全　中国工程院院士

王少萍　"长江学者奖励计划"特聘教授

王建民　清华大学软件学院院长

王哲荣　中国工程院院士

王　越　中国科学院院士、中国工程院院士

尤肖虎　"长江学者奖励计划"特聘教授

邓宗全　中国工程院院士

甘晓华　中国工程院院士

叶培建　中国科学院院士

朱英富　中国工程院院士

朵英贤　中国工程院院士

邬贺铨　中国工程院院士

刘大响　中国工程院院士

刘怡昕　中国工程院院士

刘韵洁　中国工程院院士

孙逢春　中国工程院院士

苏彦庆　"长江学者奖励计划"特聘教授

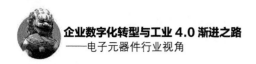
屈贤明　国家制造强国建设战略咨询委员会委员、工业和
　　　　信息化部智能制造专家咨询委员会副主任

项昌乐　"长江学者奖励计划"特聘教授，中国科协
　　　　书记处书记，北京理工大学党委副书记、副校长

柳百成　中国工程院院士

闻雪友　中国工程院院士

徐德民　中国工程院院士

唐长红　中国工程院院士

黄卫东　"长江学者奖励计划"特聘教授

黄先祥　中国工程院院士

黄　维　中国科学院院士、西北工业大学常务副校长

董景辰　工业和信息化部智能制造专家咨询委员会委员

焦宗夏　"长江学者奖励计划"特聘教授

前 言

　　近年来，工业互联网、智能制造、工业 4.0 等相关技术的飞速发展，极大提升了国家制造业竞争力。2016 年以来，汽车、家电、航空航天等领域的智能制造实践案例不断涌现，制造企业的数字化转型已从十年前的部门单项数字化应用向全过程、全周期的数字化应用转变，工业 4.0 的渐进发展态势正在形成。然而，在国家相关高新技术领域飞速发展的过程中，我们依然有很多关键核心技术受制于人，在一些关键领域仍然存在"卡脖子"的技术问题。

　　本书的写作初衷是分享多年来我在企业信息化、数字化领域积累的知识和实践经验。希望能够为推动我国电子元器件行业制造企业的数字化、网络化和智能化发展，提供一些可参考借鉴的案例及企业数字化转型的有效做法。2010 年秋的一天，我接到毕业没多久的一名研究生的电话，他受朋友之托为北京市团校组织的市属企业精益生产培训寻找合作单位。精益生产是工业工程专业核心课程的主要内容，也是我们所擅长的领域。基于我们的教学与科研实践，结合企业的实际发展需求，在北京市团校的积极组织下，我们很顺利地构建了针对北京市属电子元器件制造企业的精益生产培训课程体系，并在 2010 年年底至 2011 年年初，完成了第一轮培训课程，并由此开启了我们为电子元器件行业进行相关咨询、培训服务的历程。正是源于这次针对电子元器件制造企业的培训课程，才有了我们对这个行业的认识、了解及深入实践，并逐步形成了我们对电子元器件行业信息化、数字化与智能制造发展路线的深刻认识，也因此奠定

了我们与北京 718 厂长久合作的坚实基础，一路并肩探索企业数字化转型与工业 4.0 的渐进发展之路。

随着国家工业强基工程方面相关规划的发布，我们开始关注基础工业领域，包括零部件、元器件、原材料等行业的信息化、数字化发展现状。与之形成鲜明对比的是，在中国智能制造发展规划的十大领域如火如荼地开展工业 4.0、智能制造建设时，基础工业领域的信息化、数字化却没有得到充分重视。作为工业强基核心领域的基础零部件、核心元器件生产制造企业的信息化和数字化仍然处于起步阶段。

在我国的装备制造领域，电子元器件的选用历来得到了"型号两总"系统的高度重视。电子元器件的选用，直接影响着整个型号工程的成败。如何结合产品全生命周期，在从设计、制造到交付的过程中加强电子元器件的质量稳定性、可靠性，提高电子元器件选用的高效、准确、可靠，是装备制造领域电子元器件管理亟待解决的课题。但目前针对电子元器件的生产制造环节，却缺乏有效的管理和控制手段，面向可靠交付的制造能力亟待提高。信息技术的发展、智能制造的提出，为实现电子元器件全生命周期各环节的管理和控制，提供了有效的技术方法和实现手段。本书就是在这样一种背景下，探究了数字化对提高电子元器件制造能力的促进作用，并结合电子元器件的全生命周期各环节的数字化，给出了几种典型的信息系统对电子元器件生产系统的支撑案例。

本书从互联网时代的工业变革出发，立足于电子元器件行业在智能制造背景下的发展需求，探讨在工业强基领域实现企业数字化转型与工业 4.0 渐进发展的可行之路，是针对企业借助信息技术进行生产管理变革，逐步实现智能生产的有益尝试，体现了工业 4.0 以智能生产为主体的发展本质。针对建立优质的客户体验、基于数字化转型实现生产过程可视化、面向客户的产品质量追溯等问题，从电子元器件行业视角探讨企业数字化转型的起步、进阶、提升与拓展的发展之路，并结合实际企业的信息化建设与数字化转型历程，详细阐述信息化、数字化乃至智能化的相关技术在电子元器件企业全生命周期运营过程中的具体应用。主要章节内容如下：

第 1 章：变革来临——企业数字化转型进行时。围绕互联网时代的工业变革，重点阐述了电子元器件行业转型发展需求、数字化转型与两化融合对实现工业 4.0 的渐进发展的促进作用。

第 2 章：订单跟踪——企业数字化转型起步。通过数字化转型建立优质客户体验，在电子元器件企业与客户之间实现数字化信息共享，借助数字化的订单跟踪系统，实现优质客户体验。

第 3 章：生产可视——企业数字化转型进阶。从订单到生产过程的数字化转型进阶，实现以生产计划及进度为核心的生产过程可视化，这是工业 4.0 技术从提高客户体验向企业生产运作管理的自然延伸。

第 4 章：过程监控——企业数字化转型提升。产品质量是企业的"生命线"，提高产品质量也是工业 4.0 时代企业生产过程智能化的核心目标。围绕产品质量在线检测与控制需求，通过过程监控实现电子元器件关键工序的工艺参数控制、产品质量数据实时采集与智能分析。

第 5 章：质量追溯——企业数字化转型拓展。企业数字化转型"由内向外"拓展，从电子元器件的客户视角分析产品质量追溯的迫切要求，构建产品批次清单，实现基于数字化的产品质量正向跟踪与反向追溯，满足供应链下游客户的"质量归零"需求。

第 6 章：研发创新——工业 4.0 的持续推进。创新是工业 4.0 推动企业价值提升的重要手段。以产品工艺及标准规范为基础，构建融合材料特性、工艺特性的电子元器件基础数据库，实现工业 4.0 持续推进的研发创新基础。

第 7 章：制造能力——企业数字化转型的重新审视。工业 4.0 的渐进发展有助于全面提升企业制造能力。本章从工业 4.0 提升企业制造能力的视角审视数字化转型及工业 4.0 渐进发展的核心价值，深入分析电子元器件制造能力表征，指出电子元器件企业在工业 4.0 时代提高制造能力的主要路径。

第 8 章：智能制造——中国制造步入新时代。大规模个性化定制正在成为制造的新模式，智能制造是推动个性化定制发展的催化剂。近年来，国家加速推动工业大数据、工业互联网、人工智能等新技术的产业化应用，中国正在步入"智造"的新时代。

本书是作者所在科研团队多年来在企业数字化转型实践中研究成果的总结，作者指导的多届研究生也为本书的写作做出了贡献。本书在撰写过程中，还得到了中国航天科技集团公司元器件专家组顾问夏泓先生的若干具体建议，特此感谢。

企业数字化转型及发展仍在持续推进，可以预见，今后会有更新的理论、方法与技术不断推动企业管控水平的提高，本书的内容也将有待丰富和发展。由于作者水平所限，书中难免存在不妥之处，恳请各位专家与读者给予批评和指正。

著 者
2019 年 3 月

目 录

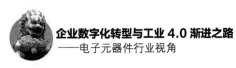

第 1 章

变革来临——企业数字化转型进行时

自 2015 年以来，以德国工业 4.0 战略发布为标志，人类社会进入了第四次工业革命时代。世界各国纷纷推出了各自的"国家战略"，迎接新时代技术革新带来的产业变革。美国的工业互联网、德国的工业 4.0、欧洲的地平线 2020 计划、日本的 I-Japan 计划，以及中国智能制造发展规划，分别从各自国家的战略优势、技术与产业基础等各个层面，规划制定了未来 5 ~ 10 年工业领域的发展策略、计划与行动指南。

以技术创新为核心、以产业变革为根本的时代特征，将会给未来企业的发展带来深刻影响。企业的数字化转型与工业 4.0 的逐步升级，正在成为企业变革的内在需求。

未来已来，变革已来！

1 互联网时代的工业变革

在漫长的人类历史上，工业的出现像黎明的曙光，打破了延续千年的沉寂和昏暗，为世界带来了无限的创造和光明。18 世纪末蒸汽机的发明，以机器动力代替了手工作业，标志着人类社会步入了工业化时代。在蒸汽机出现后的短短 200 多年间，工业文明所缔造的社会财富，远远超越过去数千年的总和，历次工业革命都在不断改写人类的文明发展史。两百多年的工业文明进程，我们又经历了以电力的发明和使用为标志的第二次工业革命、以电子计算机的发明

和广泛应用为标志的第三次工业革命。工业的发展促进了人类的进步，人类进入了由工业定义的现代社会，从生活方式到文化表达，从生产力的解放到社会财富的积累，从科学技术到国防装备，这个世界从来没有像今天这样繁盛和强大，人类科技的进步也极大地推动了工业的发展，工业成为世界各国经济发展的重要支柱，更是实体经济的核心。但世界工业化发展到今天，所面临的能源危机、生态危机、金融危机已在不断地告诫人们：历经三次革命的工业体系需要新的变革。这也是当今时代正在发生的以智能为特征、以信息物理系统为标志的第四次工业革命浪潮的内在动力。

如果把四次工业革命的发展进程按时间阶段来划分，德国工业 4.0 给出了明晰的刻画，如图 1-1 所示。从历次工业革命发展的核心动因来看，新技术的发展带来生产效率的极大提升是核心动因，工业基础能力的不断提高则是促进工业体系更新换代的前提。掌握着关键共性技术、关键基础材料、核心基础零部件（元器件）、先进基础工艺的发达国家，始终引领着世界工业发展的潮流，掌握着工业革命的发展进程。

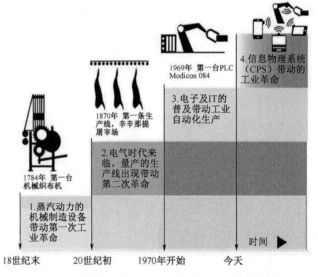

图 1-1　德国工业 4.0 对工业革命进程的阶段划分

美国：工业互联网

自 2008 年世界金融危机以来，美国依托其强大的高技术创新能力，要重振美国制造业，建立新的工业帝国。从 2009 年到 2016 年，美国先后出台了一系列有关重振制造业的战略计划，包括：

- 2009 年，《重振美国制造业框架》。
- 2010 年，《制造业促进法案》。
- 2011 年，《先进制造业伙伴计划》。
- 2012 年，《先进制造业国家战略计划》。
- 2013 年，《国家制造创新网络（NNMI）：初步设计》。

《国家制造创新网络（NNMI）：初步设计》明确了美国制造业发展的愿景——填平研发活动与推广应用鸿沟，实现"本土发明、本土制造"。四大可能的焦点领域全部集中在工业基础能力方面：

① 制造工艺技术——增材制造、先进连接、聚合物加工；

② 智能制造使能技术——以构建智能制造框架和全数字化工厂的大数据流为重点，进而提高生产率、优化供应链、降低成本、节能降耗；

③ 产业应用与发展——以医疗设备或生物材料制造工艺改进、下一代车辆或航空航天制造工艺研发为重点；

④ 先进材料开发——低成本碳纤维复合材料、能提高太阳能动力或下一代 IC 可制造性的新材料。

- 2014 年，美国 GE 提出了"工业互联网"的概念，成立工业互联网联盟。
- 2015 年，《美国创新战略》，相继成立先进复合材料制造创新机构（能源部）和智能制造创新机构（能源部）。

美国拥有 IBM、Intel、GE、CISCO、AT&T 等高新技术领域的顶尖企业，在强化工业基础能力的国家制造创新网络的基础上，由 GE 公司牵头成立了工业互联网联盟，就是要充分发挥高端技术领先优势，以"创新"为核心，以新的理念、新的技术形成一个完整的、全新的制造体系。构建一个开放、全球化的网络，将人、数据和机器连接起来，通过智能机器、先进分析方法以及人的连接，深度融合数字世界与机器世界，深刻改变全球工业。

- 2016 年 9 月，美国"国家制造创新网络"正式更名为"制造美国"，意味着美国制造业创新战略进入一个新阶段。
- 2018 年，特朗普政府发布《确保美国先进制造业领先地位战略》报告，有别于奥巴马政府侧重依靠创新发展先进制造业的"再工业化"路线，特朗普支持的制造业回归，是要将"流向海外的制造业就业机会重新带回美国本土"。夺得智能制造系统的未来、开发世界领先的材料和加工技术、确保在国内制造医疗产品、保持电子设计和制造的领先地位、创造食品和农业制造业的机会。

德国：**工业** 4.0

德国人严谨的做事风格一向为我们所推崇。积聚自身装备制造的领先优势，德国人又在 2013 年以相对完整的体系，对外发布了"把握德国制造业的未来——实施'工业 4.0'战略的建议"，德国希望引领工业变革，这也触动了我国各领域专家、学者等对制造业发展的危机思考——如何在全新挑战下实现制造强国。

德国的工业 4.0 体系定义了一个在"智能的、网络化的世界中"，通过不断增加的智能产品和系统构成的垂直网络、端到端的工程、跨越产业价值网络的制造环境，实现"创造智能的产品、系统、方法和流程"的清晰目标。因此，工业 4.0 包含的两大主题——智能工厂和智能生产，都是围绕着"创造智能的产品、系统、方法和流程"的目标。

这两大主题的核心特征就是智能化，本质上要通过信息物理系统（Cyber-Physical Systems，CPS）来实现。

- 智能工厂：核心是通过具有智能化的设备、物料、信息等构建智能化的生产系统及过程，以物联网等技术建立网络化分布式生产设施。
- 智能生产：核心是针对智能化的产品、物料，实现整个企业的生产物流的智能化管理，以智能化人机交互以及增材制造等智能制造技术在工业生产过程中的应用为重点。

事实上，德国拥有 Siemens、SAP、Bosch、ABB、BMW、Audi 等世界顶级企业，从工业 4.0 发布前的近十年开始，上述企业已经在德国国家科学与工程院的联合下，开始了"Smart Factory"的研究工作，并在 2013 年形成了相对完整的工业 4.0 框架和体系后，上升为德国的国家创新战略。其本质是以"创新"为核心，充分发挥已有装备制造领先优势，从标准、软件、硬件及人才等方面，引领德国长期占据制造业领先地位。

中国：**智能制造发展规划**

自 2014 年以来，美国工业互联网、德国工业 4.0 的浪潮，似乎一夜之间传遍中国！对于中国而言，只经历过短短 30 年的工业化快速奔跑，同样也在思考：在第四次工业革命浪潮中，如何走好自身的工业变革之路！

不同的国家意志、不同的核心优势、不同的目标设定却在同一个时代思考着同一个命题——这就是互联网时代工业的变革之路。

2015 年，可以称为互联网时代的中国工业变革元年，我国正式向世界制造强国之列起步迈进。在新的国际国内环境下，中国政府立足于国际产业变革大势，做出了全面提升中国制造业发展质量和水平的重大战略部署。其根本目标在于改变中国制造业"大而不强"的局面，通过 10 年的努力，使中国迈入制造强国行列，为到 2045 年将中国建成具有全球引领和影响力的制造强国奠定坚实基础。其核心目标是：坚持"创新驱动、质量为先、绿色发展、结构优化、人才为本"的基本方针；坚持"市场主导、政府引导；立足当前、着眼长远；整体推进、重点突破；自主发展、开放合作"的基本原则，通过三步走实现制造强国的战略目标。

第一步：力争用十年时间，迈入制造强国行列。到 2020 年，基本实现工业化，制造业大国地位进一步巩固，制造业信息化水平大幅提升。掌握一批重点领域关键核心技术，优势领域竞争力进一步增强，产品质量有较大提高。制造业数字化、网络化、智能化取得明显进展。重点行业单位工业增加值能耗、物耗及污染物排放明显下降。到 2025 年，制造业整体素质大幅提升，创新能力显著增强，全员劳动生产率明显提高，两化（工业化和信息化）融合迈上新台阶。重点行业单位工业增加值能耗、物耗及污染物排放达到世界先进水平。形成一批具有较强国际竞争力的跨国公司和产业集群，在全球产业分工和价值链中的地位明显提升。

第二步：到 2035 年，我国制造业整体达到世界制造强国阵营中等水平。创新能力大幅提升，重点领域发展取得重大突破，整体竞争力明显增强，优势行业形成全球创新引领能力，全面实现工业化。

第三步：到新中国成立一百年时，制造业大国地位更加巩固，综合实力进入世界制造强国前列。制造业主要领域具有创新引领能力和明显竞争优势，建成全球领先的技术体系和产业体系。

中国智能制造发展规划的主要内容如图 1-2 所示。

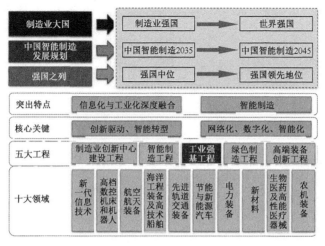

图 1-2 中国智能制造发展规划的主要内容

2 电子元器件行业的产业变革

经过改革开放后多年的经济发展，我国工业总体实力迈上了新台阶，已经成为具有重要影响力的工业大国，形成了门类较为齐全、能够满足整机和系统一般需求的工业基础体系。但是，核心基础零部件（元器件）、关键基础材料严重依赖进口。当前，我国具有较强竞争优势的高速轨道交通领域，高铁的轮轴系统、高速轴承、高速齿轮传动系统等，自主配套能力也严重不足。产品质量和可靠性难以满足需要，先进基础工艺应用程度不高，共性技术缺失。部分基础产品可靠性低，性能、质量都难以满足整机用户的需求，导致一些主机和成套设备、整机产品陷入"缺芯""少核"的状况。产业技术基础体系不完善，试验验证、计量检测、信息服务等能力薄弱。以电子元器件行业为例，我国虽然已成为信息电子产品的制造大国，但八成集成电路依赖进口，2014 年进口总值超过石油天然气进口值。工业基础能力不强，严重影响主机、成套设备和整机产品的性能质量和品牌信誉，制约我国工业创新发展和转型升级，已成为制造强国建设的瓶颈。

【行业缩影】

北京 718 厂，全称北京七一八友晟电子有限公司，成立于 2000 年年初，由原"北京市国营第七一八厂"的电阻器单元改制组建。身在北京，大家对 798 艺术区应该不陌生。事实上，798 和 718 同属一家，只不过 798 迁址后，原来的老厂房被改造成了艺术展示区，成为北京文化创意产业的重要组成部分。

变革伊始：生产难题

地处北京酒仙桥东的望京电子城，聚集了众多从事电子元器件研发生产的中小企业。2011 年 4 月，我第一次到北京 718 厂进行现场调研，也是我第一次走进望京电子城。这次调研，源于精益生产培训课上 718 厂学员的一个问题：生产相似型号/规格电子元器件的不同生产线，有的生产线非常繁忙、连续加班但也完不成生产任务，有的生产线却十分轻松、能够按时完成生产任务还有一定的空闲，是否有什么办法可以改善这种生产状况？这是一个典型的生产线平衡问题。但由于缺少实际的生产状况的定量数据，以及课上学时有限，该问题并没有在培训课堂上深入展开。因此，学员希望结束培训后能够有机会邀请我到企业现场进行调研，并分析诊断上述问题的根源，给出解决问题的具体建议。

现场印象：差距明显

进入望京电子城大门，一排排整齐的厂房，让我想象着生产各种基础电子元器件的高科技企业的生产线一定是井井有条、繁忙而有序的。但现实完全出乎我的意料，我看到的场景是：老旧的生产线、狭窄的工作空间、分布零乱而又拥挤的库房，办公室与生产线的通道堆满了原材料、半成品甚至是成品。当然，对北京 718 厂而言，这样的生产环境并没有影响企业改善管理、创新产品、追求进步的步伐。2014 年，北京 718 厂在平谷工业区建设了新厂房，实现了企业生产条件的巨大改善，走上了数字化转型快车道。

电子元器件的各个加工工序虽然拥有自动化程度较高的设备，但针对产品各个工序加工后的检验环节，却占用了大量的工人，完全依靠工人手工完成检测、筛选等后续作业任务。以电阻外观检测为例，几十名检验工人依靠放大镜、测阻仪等简易工具/设备，对电阻的外观质量及阻值进行检验，完成每一只要交付给客户的产品。在这种人机混杂的作业环境下，解决生产线平衡问题，实现有序生产更具难度。

不可想象，就是在这样的生产环境下，我们国家成为了电子元器件的制造与消费大国，支撑着各种航空航天的高端装备、汽车、家电等工业电子产品的巨大需求。对企业的统计数据说明了一切问题，图 1-3 为 2017 年 1—10 月我国

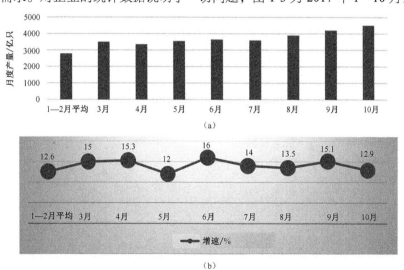

图 1-3　2017 年 1—10 月我国电子元器件产量统计

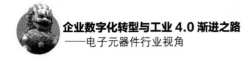

电子元器件产量统计（数据来源：中国产业信息网）。2017 年 1—10 月，共生产电子元器件 35802 亿只，同比增长 18%，出口交货值同比增长 16%，其中 10 月增长 22%。电子元器件行业保持快速增长，2017 年 1—10 月，共生产集成电路 1284 亿块，同比增长 20.7%，出口交货值同比增长 16.2%，其中 10 月增长 9.3%。

但在这些庞大的"数字"面前，我们必须看到：虽然中国目前被称为电子元件生产大国，产量居全球第一，但国内核心电子元器件 70% 以上由外资主导，绝大多数电子元器件厂商仍然停留在中低端领域，难以突破发展瓶颈。我们的基础元器件在产品的质量稳定性、可靠性等方面依然有很大的提升空间，企业的生产管理水平与精益、高效的目标存在巨大差距。

3　电子元器件行业数字化转型的核心需求

电子元器件行业的产品生产属于典型的离散制造，生产组织方式灵活多样，既有按订单生产，也有按库存生产；既有批量生产，也有单件小批生产。在当前市场环境下，客户订购产品的个性化程度越来越高，且要求从合同签订到产品交货的时间不断缩短，如何保证订单按时交付的同时还要确保产品的质量，已经成为该类企业当前生产管理的重点和难点，也是企业提升制造能力的努力方向。在数字化转型与工业 4.0 的变革时代，电子元器件行业既要强化产品质量基础，也要强化企业数字化管理基础。

客户体验：从订单开始

通过数字化转型，提高企业订单管理能力。 大部分电子元器件制造企业完全根据客户订单来安排和组织生产。有时为了方便经销商和客户，允许经销商或客户变更订单的品种和数量；有时为了满足重要客户的需求，需进行紧急插单。然而，客户订单的频繁变更对生产系统的高度灵活性提出了更高要求，生产过程控制难度增大。当生产线围绕订单进行不停地切换时，往往也造成企业最终很难高效完成最迫切的订单。如何借助数字化手段，提高订单管理能力，对不同客户、不同交货期要求的订单进行分级管理，提高订单的履约率是电子元器件领域开展"工业强基"的重要内容。

生产可视：计划与控制

通过数字化转型，改进生产计划与调度管理，强化生产过程控制。 与上述订单管理需求相一致，企业的生产计划同样需要灵活响应订单变更。在生产计划制订之后，电子元器件企业生产管理核心是依靠工作令卡向生产车间进行信息传递的。每个工作令卡都对应着某个或者某几个订单。当有紧急插单情况时，已经下发生产现场的工作令卡就要处于暂停状态，转而优先执行紧急插单的工作令卡。这样一来，所有的生产信息全都分散在各个工序的工作令卡上，造成整个生产过程的不可控，更需要加强生产现场的调度管理与过程控制。

质量追溯：供应商管控

通过数字化转型，提高电子元器件质量可靠性。随着航空／航天等系统可靠性要求的不断提高，对电子元器件的质量要求也不断提升。电子元器件的高可靠性不仅表现为单个元器件品质稳定，同样对企业的质量控制能力也有着严格的要求：要求企业有能力保持较高的产品合格率；另外，对产品质量也提出了可追溯的要求：要求电子元器件产品在供应商内的流转状态进行监控与追溯。然而，目前在电子元器件企业中质量管理的手段主要还是事后检验，依赖人工及时处理质量问题。质量数据采集自动化程度不高，通常是手工记录，发现质量问题后，处理周期长，追溯困难，实时质量控制力度有待提高。同时，对采集的质量数据利用率低，缺乏信息化手段使用这些数据进行质量分析，达到优化质量的目的。

4　变革本质：工业 4.0 时代的数字化转型

10 年前，在"以信息化带动工业化，以工业化促进信息化"的新型工业化道路的指引下，我国的工业化发展进程迈入了跨越式发展的快车道。5 年前，在"发展现代产业体系，大力推进信息化与工业化融合"的新科学发展观的指导下，我国逐步确立了"两化融合"的发展战略。通过对上述"两化融合"发展理念的表述，可以看出其中的两大关键词：一是信息化，二是工业化。我们认为，数字化则是两化融合初级阶段的重要成果，也是两化融合的基础标志。

信息化+数字化

什么是信息化？对于从事该领域研究、工作的人来说，可能能够比较清晰地进行阐述，但恐怕也很难给出准确的定义。对于不了解该领域的人来说，就更加难以理解什么是信息化。

根据《2006—2020 国家信息化发展战略》的描述，信息化是"充分利用信

息技术，开发利用信息资源，促进信息交流和知识共享，提高经济增长质量，推动经济社会发展转型的历史进程"。因此，信息化的核心体现在信息资源的开发、利用方面，通过信息到数据再到知识的演化，挖掘信息、数据、知识的价值，服务于经济社会发展。具体到制造领域、产品的全生命周期各个环节，信息化表现为对企业生产运作全过程的信息、数据、知识的开发、利用，并将其物化为一种新型制造能力的过程。

信息化对"工业强基"具有绝对的促进作用。电子元器件行业的信息化过程，就是通过信息化提升电子元器件质量保障能力、基础管理能力的过程。信息化与电子元器件制造过程的结合，表现出信息化对制造能力的促进作用，是企业利用信息技术推动业务发展、提高生产力的关键能力，其核心是通过信息技术与工业技术、工业装备的融合，提高企业业务能力，进而支持企业各项业务活动，打造具有数字化、智能化特征的工业产品、工业系统及服务的能力。

信息化在"工业强基"的过程中，其实质也是工业强基领域实施"两化融合"的过程。两化融合是以信息技术为代表的高技术与传统工业领域所有要素融合，进而提升、变革、创新、改造传统工业，淘汰落后生产能力，形成新型工业装备，催生新的工业模式，构建新型工业体系，建立现代产业体系，提升工业能力和素质的过程。

两化融合实际上是一个以传统产业的升级与换代和新兴产业的崛起与发展为特征的工业体系乃至工业经济的转型过程。而在这个过程中，信息化的要素也必然会与工业化的要素进行全面的融合，从而为传统产业的升级与换代以及工业经济的转型提供支撑。

信息化促进工业转型具体体现在工业技术、工业装备、业务能力、工业活动及工业产品五个层面，如图 1-4 所示。通过信息技术（如 3D 建模、数字样机、虚拟仿真、多学科优化等）与工业基础设施的融合，促进工业装备及系统能力的提升，并进一步提高企业的核心业务能力，包括数字化设计能力、数字化制造能力、数字化管理能力及公共服务能力，进而支持企业完成产品研发设计、生产制造、经营管理与运维服务等业务活动。

在数字化设计、数字化制造和数字化管理的概念中，数字化就是两化融合初级阶段的重要成果，是两化融合的基础标志，即将信息技术与产品设计、生产制造与经营管理相结合，改变传统的产品设计、制造模式，实现基于计算机和互联网的产品设计、生产制造与经营管理的过程。

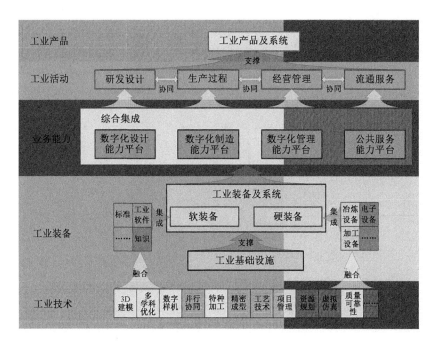

图 1-4　信息化促进工业转型——两化融合过程

数字化能力+制造能力

工业革命改变了全世界，极大地提高了生产效率。科技的发展也同样为商业带来了巨大进步，重新定义了商业运营模式。阿里巴巴、京东等依托淘宝、京东商城等互联网电商平台，重构了当前的商业模式。"互联网＋"行动计划也恰是对新科技的运用，进而极大地改变了产业的发展形态。

数字化转型也正是数字化这种新科技与企业相结合的过程，将会通过推动变革业务流程与经营模式而为企业带来巨大的竞争优势。2011 年，美国麻省理工学院和凯捷咨询联合发布了数字化转型研究报告，指出数字化转型（Digital Transformation，DT）是指使用数字化技术从根本上提高企业的绩效或提高企业绩效可以达到的高度。上述研究报告定义了数字化转型模型如图 1-5 所示，确定了企业数字化转型的三个领域：客户体验（Customer Experience）、运作流程（Operational Process）、商业模式（Business Model），并将数字化相关技术和应用定义为企业的数字化能力。

因此，研究、实践企业数字化转型的核心抓手就是要增强企业的数字化能力。

图 1-5　数字化转型模型

从客户体验角度看，需要通过科学的分析与社交知识进一步强化对客户的理解，基于数字营销、市场预测、简化客户流程而促进利润增长，借助客户服务、跨渠道整合与自我服务能力提升客户感知。

从运作流程角度看，需要从流程数字化、员工技能提升及绩效管理三个方面逐步加强企业流程绩效改进、企业范围内的知识共享，不断提高企业基于数字的分析决策水平。

从商业模式角度看，通过数字化渐进变革主要业务、开创新的数字化业务领域以及数字化的全球化，实现产品/服务增值、创新数字化产品、变革组织边界，以及企业集成、重构决策授权以及共享数字服务。

当前时代背景下，新技术层出不穷，以云计算、大数据等为代表的新兴信息技术，更快速地推动着企业的"数字化能力"发展。众多企业都在努力扩大现有或者新建数字化功能，借助数字化转型提升业务流程效率并提供更为完善的客户服务。根据美国 Gartner 公司的调查，目前 CIO 们把整体预算中的 18%用于支持数字化技术，而这一数字到 2018 年将增长至 28%。企业将为数字化方案分配更多预算，并借此改变自身商业模式。就目前来看，已经有很多产品开始以服务形式转型至数字化生态系统当中。

两化融合+工业 4.0

当前，随着"工业 4.0"、工业互联网、物联网等新兴信息技术的发展，工业领域的信息化已进入到更高阶段，具有更广泛、更深入的应用与发展前景，信息化与工业化的深度融合成为当前我国工业进程中最为典型的发展特征。在新的技术、政策与发展需求推动下，信息化与信息化能力的概念内涵、地位和作用也在发生深刻变化。在制造业领域，随着国家智能制造工程的实施，以物联网、云计算等新一代信息技术为代表的高新技术，与传统制造业的融合，进一步推动了智能制造的发展，智能工厂、智能物流正逐步成为制造业两化深度融合的主攻方向，也是制造业领域信息化、信息化能力建设的重要内容。特别是在"工业 4.0"背景下，以工业互联网、物联网为代表的新兴技术的支持下，企业未来 5～10 年的信息化建设重点将以智能工厂／智能生产示范为目标，开展工业装备及系统、业务能力、工业活动等的信息化建设工作，以支持企业今后的可持续发展。

我们认为，我国两化深度融合的过程就是工业 4.0 的渐进发展过程，其作用的核心对象也是德国工业 4.0 所确定的两大主题：智能工厂和智能生产。

智能工厂是现代工厂信息化发展的新阶段，是利用现代新信息技术在自动化、网络化、数字化和信息化的基础上，融入人工智能和机器人技术，形成的人机物深度融合的新一代技术支撑的新型工厂形态。智能工厂通过工况在线感知、智能决策与控制、装备自律执行，不断提升装备性能、增强自适应能力；以提升制造效率、减少人为干预、提高产品质量，并加上绿色智能的手段和智能系统等新兴技术于一体，构建一个高效节能、绿色环保、环境舒适的工厂。

智能工厂的核心是利用信息物理系统（Cyber-Physical System，CPS）技术，将虚拟环境中的设计、仿真、工艺与工厂的实物生产环境相结合，在生产过程中大量采用数字化、智能化的生产设备和管理工具，利用物联网的技术和设备监控技术加强工厂信息管理和服务，使得生产制造过程变得透明化、智能化，做到生产全过程可测度、可感知、可分析、可优化、可预防。

智能生产系统是综合应用物联网技术、人工智能技术、信息技术、自动化技术、先进制造技术等实现企业生产过程智能化、经营管理数字化，突出制造过程精益管控、实时可视、集成优化，进而提升企业快速响应市场需求、精确控制产品质量、实现产品全生命周期管理与追溯的先进制造系统。智能生产系统是构成"工业 4.0"时代智能化工厂的核心，以智能传感器、工业机器人、智

能数控机床等智能设备与智能系统为基础，以物联网为核心实现生产过程的智能化。

核心观点 数字化转型需求要点与数字化能力的主要标志

- 企业数字化转型的三个领域：客户体验、运作流程、商业模式。
- 通过数字化转型，提高企业订单管理能力。
- 通过数字化转型，强化生产过程控制。
- 通过数字化转型，提高电子元器件质量可靠性。
- 数字化就是两化融合初级阶段的重要成果，是两化融合的基础标志。
- 企业数字化转型的核心抓手就是要增强企业的数字化能力。
- 智能生产系统是构成"工业 4.0"时代智能化工厂的核心。

第 2 章

订单跟踪——企业数字化转型起步

改善客户体验是企业数字化转型的核心，建立优质的客户体验是企业获取用户需求、提高客户满意度的最佳途径。企业针对订单产品及其生产交付全过程的动态信息的实时反馈是满足优质客户体验的重要手段。随着数字化技术在产品开发、生产制造过程中的不断应用，企业与客户之间的互动方式也更加多样化。"小米"手机在初创时期的快速成功发展，很大程度上是通过"米粉"用户在论坛的高度参与，提出各种个性化需求，使得小米手机功能不断创新、完善，不断提升用户的满意度。

从传统认知角度来看，消费者对购买的产品或服务的体验始于企业对产品或服务的交付，客户满意度的衡量也来自客户对产品的使用与服务的直接感知。互联网技术的飞速发展，改变了传统的商业模式，客户对产品或服务的个性化与高品质要求从没有像今天这样突出。

互联网时代的工业变革及其推动的企业在工业 4.0 渐进发展的过程中，以数字化为典型特征的产品或服务交付，将极大地拓展客户对产品或服务体验的传统认知。企业的数字化转型，为用户创造优质的客户体验，不只是可以在产品功能/使用方式上，更可以在为用户创造、生产产品的全过程当中。数字化转型能够让用户更直接地了解所购产品的生产进程，生产过程的工艺、质量等用户关心的影响产品性能的数据，甚至能够让用户在实际使用产品前就体验产品所带来的完美感受。

1 数字化转型起步：为什么从订单开始

按照通常的认知，企业信息化、数字化等领域的研究者普遍认为企业的数字化基本范畴可以从"设计数字化、管理数字化、生产过程数字化、制造装备数字化"四个维度进行定义与实现，如图 2-1 所示。

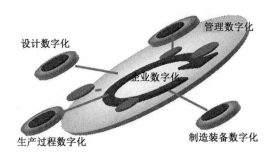

图 2-1 企业数字化范畴的基本认知

设计数字化是针对产品研发过程的，包含了通过 PDM/PLM/CAD/CAE 等软件实现研发过程管理的数字化，以及通过虚拟仿真、数字样机等技术实现的半物理仿真和全数字样机，极大地缩短产品的研发周期。空客 A380、波音 787，以及我国 C919 在研制过程中，广泛采用了数字样机技术，实现了整个产品全生命周期模型的数字化。

管理数字化是针对企业经营管理过程的，通过数字化的技术手段实现企业战略决策、经营管理等各个环节业务活动的数字化，借助 DSS/ERP/CRM/SCM 等软件实现经营决策、绩效管理、销售管理、采购管理、计划管理、客户管理、供应商管理等企业经营管理全过程的数字化。

生产过程数字化是进一步聚焦到产品的实际生产过程，以生产过程的数据可视化、产品加工装配过程的实时监控为标志，通常借助 MES 及数据采集系统实现生产指令下达、生产过程数据采集、质量在线监测等生产管理活动。目前，以物联网、工业互联网等为技术手段，进一步促进了企业生产过程数字化的发展进程，也使得传统生产制造企业从工业 2.0 向工业 4.0 的快速发展成为可能。

制造装备数字化是面向产品制造的具体装备而言的，其本质是产品数字化。对于提供制造装备的企业而言，"制造装备"是其面向客户提供的具体产品，其数字化的意义在于能够面向客户提供产品的远程状态检测、故障预警、故障诊断及远程的运维服务。因此，对于实现了制造装备数字化的企业而言，表明其具备了对具体生产设备的在线监控及设备的健康管理能力。

对于不同行业的企业而言，企业的数字化转型过程并没有严格的先后顺序。但相对于航空航天、舰船、轨道交通等装备制造领域侧重于产品研发、设计数字化优先策略而言，电子元器件行业由于其产品规格种类繁多、产品结构简单，其数字化的核心需求也具有鲜明的行业特征。正如本书第 1.3 节的阐述，电子元器件行业的数字化转型其核心需求是客户体验、生产可视和质量追溯。其中的客户体验是以订单为对象，面向客户提供订单的全生命周期各阶段的具体状态信息。

订单，在企业的生产运作管理过程中是企业与外部潜在客户形成正式客户关系的重要载体。而电子元器件企业的生产运作管理又具有显著的"客户化"特征，即受客户产品的个性化需求影响较大。电子元器件的产品特性要满足客户提出的严格要求，同时还要满足客户较为苛刻的交货期约束。电子元器件企业生产运作管理示意图如图 2-2 所示，其核心环节包括产品研发、原料准备/物资控制、生产制造、成品检验/销售发货等。而生产商与客户之间最为重要的信息传递载体就是"订单"。

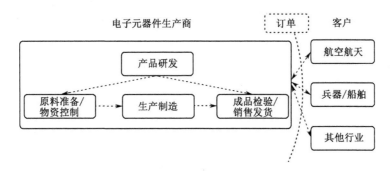

图 2-2　电子元器件企业生产运作管理示意图

因此对于电子元器件企业而言，我们认为其数字化转型的起步应该从订单的数字化入手，并通过订单的数字化向客户提供更好的体验。

如图 2-2 所示，实现订单的数字化的核心过程，起始于电子元器件生产商的销售部门接受客户订单并评审，通过评审的订单将由生产部门进行计划排产，安排各条生产线进行生产，物料供应部门按照计划及生产调度指令，进行原料准备与物资控制。

对于普通规格的产品，其整个生产运作管理可以划分为三个主要阶段。

① 原材料准备阶段：本阶段主要完成电子元器件生产所需要的原材料准备工作，首先对到达企业的各种原材料进行检验工作，质量合格后进行入库，然

后进行原材料初加工，完成半成品的准备工作，为后面产品的加工提供基础。

② 生产制造阶段：本阶段主要完成产品各个工序的加工，是影响产品质量及可靠性最重要的阶段，在关键工序完成之后进行相关检验工作，质量合格进入下道工序，如果不合格则进行降级或者报废处理。

③ 成品检验及发货阶段：本阶段主要对加工完成后的产品进行各种类型的检验和筛选，挑选出各种质量特性满足客户要求的产品并发货。

对于客户定制的电子元器件产品，首先需要根据客户需求进行产品研发，具体可以从已有产品的材料特性研发、工艺改进及新产品开发等方面进行客户化产品开发，以满足客户对特定需求电子元器件的性能要求。

2 订单交付过程分解

企业实现产品销售、获取利润的关键是赢得客户订单。订单是企业与客户之间就产品销售达成的一致约定。企业获得客户订单后，即进入履行订单的流程，客户体验也由此开始。其中涉及两个重要概念：订单跟踪与订单交付。

订单跟踪

在订单数字化的基础上，通过软件系统、互联网等手段，向客户提供订单全生命周期数据的过程。订单跟踪发生在企业完成对客户订单交付的过程中，企业根据客户要求，将订单执行过程中从物料准备、生产过程、质量检验、产品出库到产品交付等相关信息提供给客户，帮助客户随时了解所签订订单的执行进度、状态等情况。

订单交付

企业接受客户订单后，按照合同约定向客户提供订单全部产品的过程。订单交付能力则是衡量企业按照客户交货期要求，按时、保质、保量完成订单全部订货产品，实现全部订单按期履约的能力。订单交付过程起始于订单接受／合同签订，结束于按照合同／订单要求将全部产品交付给客户的全过程，覆盖了企业的生产运作流程。但由于生产运作管理涉及企业销售、生产制造、物资供应等多个环节，如果从全流程角度考察订单交付，其管理的复杂性影响了对订单交付能力的有效度量。为此，我们以"订单—工作令—发货单"为主线，以订单状态跟踪与生产制造过程跟踪流程为核心，以提高企业产品的订单交付能力为目标，探讨企业数字化转型的基本过程，从"数字化订单"开始。

从签订订单到订单交付的基本流程如图 2-3 所示，订单跟踪通过对企业生产与运作管理过程中三类基本对象，即订单、工作令和发货单的数字化，实现对订单状态监控、生产过程监控，借助"订单—工作令—发货单"之间的关联映射，使客户能够了解订单的生产进度情况。从订单开始，延伸到企业生产运作全过程的数字化转型，对企业的生产管理人员而言，则可以借助订单跟踪，把控生产进度，提高订单的履约率。

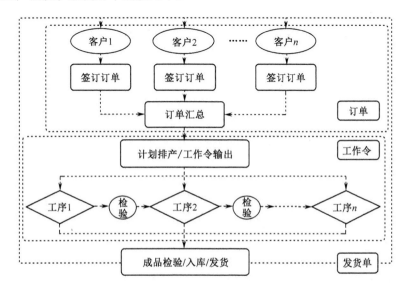

图 2-3　从签订订单到订单交付的基本流程

过程分解

（1）订单评审

由于电子元器件产品的特性差异，企业在接受客户订单前需要充分理解客户对产品性能的要求，特别是针对一些客户化定制的产品，需要企业的研发部门和生产部门共同对产品的性能指标要求、生产工艺能力等做出综合评估，有时还需要进行工艺试制，以判断是否能够按照客户对产品性能个性化的要求、按照约定的交货期限完成产品生产及交付。因此，对于客户订单的跟踪设置"订单评审"环节。

（2）订单排产

订单排产状态表明企业对已经确认的客户订单开始列入生产计划并组织排产。电子元器件企业根据不同产品的工艺特征确定其生产批量，不同规格型号的产品库存差异较大。订单排产的基本规则/流程如下：

步骤 1：如果库存足够满足订单需求，则直接分配发货；

步骤 2：如果库存不足，则检查目前正在进行的工作令，如果能够满足订单要求，则将该工作令中一部分未对应订单的产品安排给该订单；

步骤 3：如果还不能满足订单要求，则需要制订新的生产计划，为该订单安排生产，直至完成订单。

（3）订单开令

根据订单排产结果，企业对于库存不足的订单需求在经过订单评审后根据生产线产能等实际生产状况合理安排生产。根据订货量的大小，将订单拆成一个或者多个工作令，作为生产任务下达到车间。

工作令，即工作指令，是电子元器件行业生产组织、车间/生产线各个工位具体任务安排最重要的信息载体，在订单跟踪过程中扮演着非常重要的角色。产品在生产过程中，工作令会随着产品加工工艺路线在生产线不同工序上进行流转。在流转过程中，生产线操作工会在工作令上记录当前工序的投入产出信息、设备信息、人员信息、不合格品率信息以及工艺参数信息，直到加工完成为止。

（4）订单生产

依据生产计划排产及工作令，车间或生产线按照产品工艺路线组织具体的产品生产。由于电子元器件的生产工艺复杂，客户订单变更频繁，企业的生产往往不能按照预定的生产计划进行，导致订单经常不能按期交付，直接影响客户体验。始于订单数字化的电子元器件企业数字化转型，通过对生产过程中的每道工序进行监控，并辅以计算机采集相关信息和状态，完成订单在生产过程中的实时监控。

通常产品的加工过程是由很多的工序来完成的，因此对应具体订单的工作令状态表明了订单具体的工序阶段。对工作令状态的信息采集，就是针对订单生产的工序级跟踪，即跟踪工作令的工序加工进度。这种跟踪一般以某道工序的加工完成为标志，跟踪粒度较细。

在工序层次上跟踪产品的加工进度，可以为生产过程决策及订单进度跟踪提供更为精细的数据，提高订单按时交付能力。同时，这种跟踪也可以采集工序加工过程中的质量信息，使得工序质量追溯成为可能，但通常这种追溯的成本较高，对实际业务流程可能产生较大影响。

以实际电子元器件企业 RJK 产品的订单生产为例，其完整工艺路线包含很多的重复工序以及耗时很短的工序，这些工序对整个订单生产的完工周期影响不大，因此可以结合实际的产品生产工艺，定义生产过程中的关键工序（影响最终产品产出的工序以及关键质量控制工序）进行数据采集和状态信息采集，实现对关键工序的监控，满足生产制造过程中对订单跟踪的需求。

（5）订单发货

根据订单交货期要求，在准备好订单所需全部产品后，向客户发货，订单状态为"订单发货"。在客户接收产品并验收入库后，订单状态修改为"订单完成"。

3 订单建模与状态定义

从企业数字化转型的全局视角看，订单的数字化不仅是传统的企业与客户之间确定的销售订单的数字化，还包括对具体订单在生产过程中转换为工作令以及按照工艺要求进行生产加工过程的数字化，是电子元器件行业实现订单跟踪的基础。

订单信息建模

订单数字化的核心是对订单的信息建模，如图 2-4 所示。通过信息建模构建包含静态信息和动态信息的数字化订单模型，其中的静态信息包括与客户、人员、设备、产品、物料、工艺等基础信息；动态信息则是针对签订订单、订单确认、订单生产及订单交付过程中，与订单跟踪相关的工作令信息及构成工作令各个关键工序需要采集的物料、质量、动态工艺参数等数据，并由此形成工作令模型和工序链模型（工作令模型和工序链模型将在本书第 3 章详细阐述）。

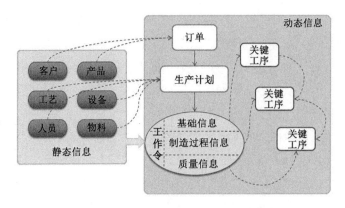

图 2-4 订单数字化——信息建模

订单数字化的信息建模实体及其关系如图 2-5 所示,包括客户、销售订单、发货清单、退货单、客户投诉等实体,相关实体及其属性如表 2-1 所示。

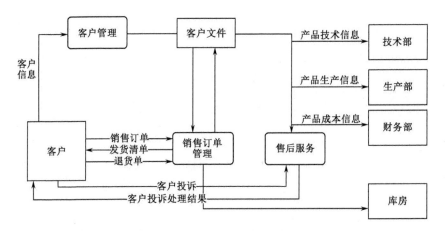

图 2-5 订单数字化的信息建模实体及其关系

表 2-1 订单实体及其属性

实　　体	属　　性
客户	客户编码、名称、客户等级、地址、电话、联系人、传真、邮箱、银行账号、税号、业务员、开票地址
销售订单	销售订单号、客户编码、签订日期、订单状态、制作人、制作时间、运输方式、发票形式、联系人、联系电话、备注

续表

实　体	属　性
销售订单明细表	销售订单编号、物料编码、阻值、阻值单位、单价、数量、总价、执行标准、交货期、备注、明细状态、产品编码、计划号、物料名称
交货单	销售订单编号、物料编码、阻值、阻值单位、单价、数量、总价、执行标准、交货期、备注、明细状态、产品编码、计划号、物料名称
退货单	退货单号、合同编号、退货日期、退货人、备注
退货单明细表	合同编号、物料编码、阻值、阻值单位、退货数量
客户投诉	投诉号、客户编码、投诉内容、处理方式、负责人

在信息建模过程中，需要分析上述各种建模实体之间的关系，数字化的订单实体间关系模型如图 2-6 所示，具体描述如下。

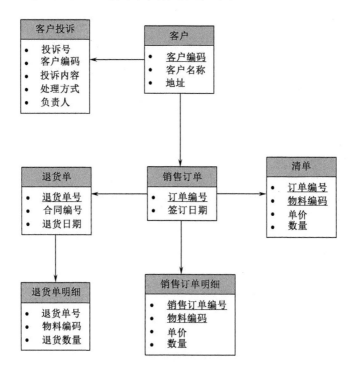

图 2-6　数字化的订单实体间关系模型

① 客户与订单之间：一对多或者多对多关系，即一个客户每次既可以签订一个订单，也可以同时签订多个订单。

② 单据及其明细：一对多关系，各种单据是由其明细组成的，因此各种单据与其明细之间是一对多的关系。

③ 销售订单与交货单：一对多或多对多关系，企业根据客户的具体要求，针对销售订单的产品清单，可以一次全部交货，或者分批次交货。因此，销售订单和交货单之间存在一对多或者多对多的关系。

④ 销售订单与退货单：一对多或多对多关系，客户收到的产品如果因质量问题需要退货时，凭企业的交货单退货。客户可以对多个销售订单中的产品一次退货，也可以对销售订单中的一种或几种产品退货。因此，销售订单与退货单之间存在一对多或者多对多的关系。

订单状态定义

优质的客户体验来自企业通过数字化手段，面向客户展现订单执行全过程的状态信息。同时，对于企业生产管理的各个部门，为满足客户体验的高品质要求，会从不同视角提出订单跟踪的不同展示需要。对于生产一线的调度人员而言，则更关心哪些订单的交货期快到了，以及哪些订单已经超期需要及时与销售部门沟通，合理处置订单；对于销售部门而言，不仅关心订单现在处于哪个工序，更希望生产线能反馈还需要多长时间订单就可以完成，以便能够及时发现已经超出交货期的订单。为此，在电子元器件企业的数字化转型过程中，应根据企业不同职能部门以及客户等对订单跟踪的不同需求，构建一种面向订单跟踪的状态视图，通过不同的状态视图满足不同角色对订单跟踪的实际需求，对订单执行状态进行统计分析，并进行可视化展示。

在订单执行过程中，订单将在企业的市场、销售、生产等多个部门流转，经过多个不同的业务节点。订单每经过一个业务节点，订单的状态就会发生一次变化，将整个订单执行过程中全部的状态变换按照既定的规则进行组合运算，就形成了这个订单在该规则下的状态视图。

根据订单到交货的过程分解，订单执行的实际业务过程包含订单评审、订单排产、订单开令、订单生产、订单发货五个主要阶段。订单在经历上述每个业务阶段时，订单状态也随之变化。因此，可以通过订单的状态视图对订单执行所处的实际阶段、业务节点进行数字化展现，满足客户对订单跟踪的实际需求。对各个订单阶段的订单状态进行定义，形成了 16 种订单状态，如表 2-2 所示。

表 2-2　订单状态定义

订单阶段	订单状态	业务节点
订单评审	新建	订单录入系统
	审核通过	市场部互审通过
	审核不通过	市场部互审不通过
	评审通过	生产管理部技术评审通过
	评审不通过	生产管理部技术评审不通过
订单排产	全部投产	没有库存，需要投产来交付订单
	部分投产	有部分库存，但库存不能满足订单需求，需安排生产
	全部有货	库存数足够满足订单要求，直接配货出库
订单开令	待开令	评审通过且准备新开工作令的订单明细
	已开令	生产管理部调度员已对订单明细开生产工作令
订单生产	关键工序状态	在关键工序开始或者完成之前标记订单明细状态
	加工完成	加工过程最后一道工序结束之后标记为加工完成
	已入库	加工完成并且将产品送到成品库房
订单发货	已出库	产品已办理出库等待发货
	已配货	库存能够满足订单需求，产品可以直接发货
	已发货	产品已经送出成品库房，等待客户验收

　　订单的状态视图为客户提供了一种了解订单执行进程的数字化手段。订单状态随着订单业务执行过程不断发生变化，如图 2-7 所示，将订单执行过程所涉及的各个业务部门及其执行具体业务与订单状态相互关联，形成订单执行状态与业务节点之间的映射关系，并借助信息系统实现对客户订单的全部执行过程的数字化。企业经营管理的各个部门（如市场、销售、生产管理等各部门）间通过订单的数字化及其状态跟踪，实现业务协同。销售部门可以定位订单目前处于哪个职能部门，并且根据相关部门人员提供的计划发货时间，及时反馈客户订单进度信息；生产管理部通过状态视图能够定位工作令当前处于什么状态，处于哪道工序，以及在哪个设备上进行加工等相关信息，根据设备负荷和车间生产计划合理安排生产。

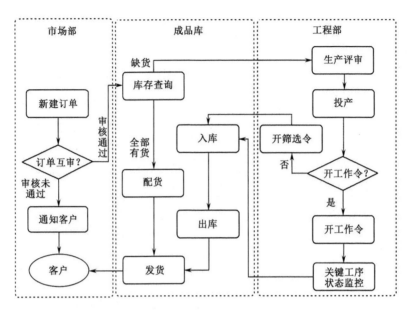

图 2-7　基于状态视图的订单跟踪过程

4　订单履约和拖期订单

客户订单通常包含很多产品项，这些产品项分布于不同车间和生产线。由于不同产品的生产周期的差异性，每个客户订单的产品不能同时交货。在实际的订货中，客户订单通常对每项产品都给出了具体的交货期要求。一般情况下，对在客户订单要求的交货期内完成产品交付的订单称为正常交货订单，不能在交货期内完成交付的订单称为拖期订单。

订单履约

订单履约是指订单中的每个产品项都必须加工完成且在交货期之前完成发货，满足订单履约条件的订单称为履约订单。订单履约率是指某个时间段内符合履约条件的订单占这段时间订单总数的百分比，订单履约率是衡量企业销售情况和客户满意度的重要指标，对于企业的生产经营具有重要的指导意义。履约率的计算过程如下：

统计 $[t_1, t_2]$ 时间段内订单的履约率 R_T，需要分别统计出 $[t_1, t_2]$ 时间段内按期完成的订单数量和拖期完成的订单数量，先决条件是订单状态必须为已发货。用 $t_x(t_1 < t_x < t_2)$ 表示产品项的交货期，用 t_y 表示产品项的实际完成时间，如果 t_x

大于 t_y ，表示产品项按期完成，按期完成的产品项用 O_i 表示；如果 t_x 小于 t_y ，表示产品项拖期完成，拖期完成的产品项用 O_j 表示。订单是否履约的计算公式如下：

$$R_T = \frac{\sum\limits_{i=1}^{n} O_i}{\sum\limits_{i=1}^{n} O_i + \sum\limits_{j=1}^{m} O_j} \times 100\%$$

式中， $\sum\limits_{i=1}^{n} O_i$ 表示在 $[t_1, t_2]$ 时间段内按时完成的订单集合； $\sum\limits_{j=1}^{m} O_j$ 表示 $[t_1, t_2]$ 时间段内拖期完成的订单集合； R_T 表示 $[t_1, t_2]$ 时间段内企业订单的履约率。

拖期订单

拖期订单是指不能按照订单交货期要求按时履约的订单。订单是否拖期对于企业不同职能部门来说，有着不同的含义。例如，一个订单在交货期之前已经入到成品库库房，但是由于库房人员疏忽或者其他客观原因导致订单没有及时发货，对于市场部人员来说这个订单就属于超期订单，而对于生产管理部人员来说，因为订单已经按照计划完成时间送到市场部库房，这个订单是不属于拖期订单的。因此，拖期订单统计要按照订单状态来区分，从市场部、生产管理部两个视角定制个性化的拖期订单统计。

订单拖期与否主要决定于三个因素：订单交货期、订单当前状态和当前订单状态采集时间。

（1）市场部拖期订单统计状态视图

对于市场部人员而言，只有同时满足订单当前状态为"已发货"且当前状态采集时间早于订单交货期的订单才是没有拖期的订单，其他任意情况组合查到的订单都是拖期订单。

（2）生产管理部拖期订单统计状态视图

对于生产管理部人员而言，同时满足订单状态为"准备生产"或者"正在生产"且当前状态采集时间超出订单交货期的订单是拖期订单。"准备生产"的状态包括评审通过、待开令、待筛选，"正在生产"的状态包括已开令、关键工序状态、筛选完成、加工完成。

拖期订单的暴露使得市场部或者生产管理部人员能够及时发现问题，提出

具有针对性的问题解决办法。拖期订单统计在一定程度上弥补了订单跟踪只能被动地了解订单执行进度的窘境，使得市场部和生产管理部人员能够积极地参与到企业生产过程中，促进企业发展。

数字化转型之典型应用①——订单跟踪系统

在企业数字化转型过程中，要实现优质的客户体验，最终要落实到具体的信息系统。以订单跟踪为起步的数字化转型，通过"订单跟踪系统"面向客户提供从订单签订、订单生产到订单发货的订单执行各个阶段的具体订单状态。

订单跟踪系统首先对产品信息、工序设备信息、人员信息等基础信息进行有效管理，为订单信息、客户信息和工作令信息管理提供支撑信息。在此基础上，系统对订单信息、工作令信息进行规范化管理，并通过条形码将工作令与订单、产品和工序设备等信息关联起来，保证生产运行和生产进度统计顺利进行。生产线操作工采用条形码扫描器扫描工作令卡上的条形码，采集生产进度信息和质量信息，并确认工作令卡是否转入下一道工序。系统的总体结构设计为三个层次，包括数据层、业务层、交互层，如图 2-8 所示。

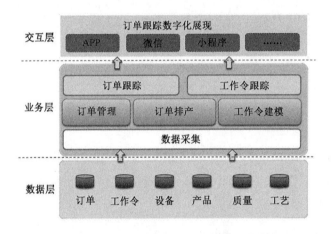

图 2-8　面向电子元器件的订单跟踪系统总体结构

（1）数据层

数据层是支持系统运行的基础数据来源，分别包括实现订单数字化、订单执行各阶段及其状态定义所需的基础数据，如订单、产品、设备、工艺等。数据层为系统的正常运行提供必要的数据保障。

（2）业务层

业务层是系统功能实现的核心，用于实现系统功能，提供订单管理、订单排产、工作令建模、数据采集、订单跟踪与工作令跟踪等，实现订单生产→订单评审→订单排产→工作令生成→数据采集→订单跟踪→工作令跟踪的订单数字化执行过程。

（3）交互层

交互层提供系统与用户交互的可视化界面，主要面向客户提供订单数字化展现的具体手段，包括通过互联网以及手机 APP、微信平台应用程序、小程序应用等手段面向客户提供订单状态跟踪。

功能分析

订单跟踪系统首先对产品信息、工序设备信息、人员信息等基础信息进行有效管理，为订单信息、客户信息和工作令信息管理提供支撑信息。在此基础上，系统对订单信息、工作令信息进行规范化管理，并通过条形码将工作令与订单、产品和工序设备等信息关联起来，保证生产运行和生产进度统计顺利进行。生产线操作工采用条形码扫描器扫描工作令卡上的条形码，采集生产进度信息和质量信息，并确认工作令卡是否转入下一道工序。软件系统根据用户的个性化需求自动统计汇总生产进度信息，最终实现订单进度跟踪。

（1）订单进度跟踪

订单进度跟踪过程数据流图如图 2-9 所示。订单进度跟踪包括对订单确认跟踪和加工过程跟踪两个部分。订单确认跟踪目的是对确认为库存和生产计划的订单进行跟踪，加工过程跟踪是对产品生产计划制订到产品

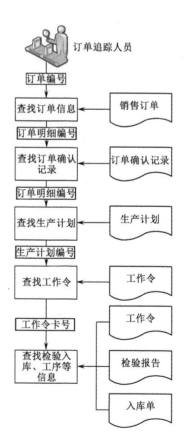

图 2-9　订单进度跟踪过程数据流图

入库过程信息的跟踪，包括生产计划、工作令卡、入库单等信息，并对加工工序的合格率进行计算。

（2）订单履约率查询

订单履约率查询面向的对象是企业管理者，企业管理者不关心单个订单的执行进度，他们希望从整体层面上把握某段时间的订单完成情况。先统计单个订单是否按期交付，然后统计能够按期交付订单的数量，订单履约率为按期交付订单数量与订单总数量的比值。订单履约率的计算程序流程图如图 2-10 所示。

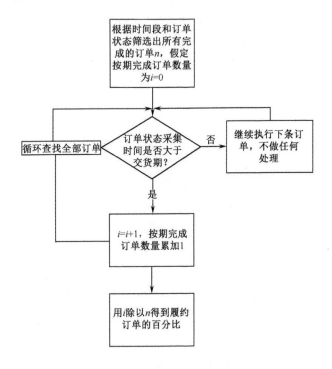

图 2-10　订单履约率的计算程序流程图

（3）拖期订单跟踪

拖期订单跟踪面向的对象是企业的市场部和工程部，市场部认定不拖期合同条件是订单状态为"已发货"且状态采集时间早于订单交货期，因此市场部拖期合同跟踪的数据流图如图 2-11 所示。

工程部对拖期订单的着眼点是生产过程，不关心加工完成之后的订单状态，只要订单在计划完成日期之前移交到成品库，就认为订单没有拖期。工程部拖期合同跟踪的数据流图如图 2-12 所示。

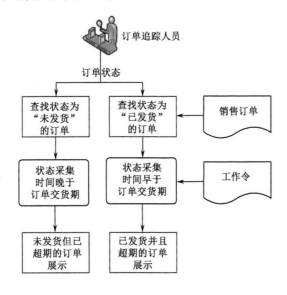

图 2-11　市场部拖期合同跟踪的数据流图

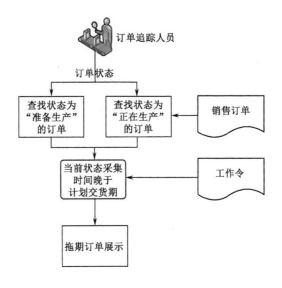

图 2-12　工程部拖期合同跟踪的数据流图

功能架构

订单跟踪系统的核心功能包括订单管理、工作令管理、生产线数据采集、生产进度跟踪四个核心模块，系统功能架构如图 2-13 所示。

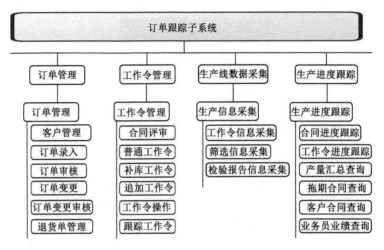

图 2-13   订单跟踪系统功能架构

订单管理是订单数字化的基础功能，包括客户管理、订单录入、订单审核、订单变更等功能；工作令管理和生产信息采集则是实现数字化订单在生产全过程跟踪的基础，包括对工作令的操作变更以及生产过程工艺、质量信息采集等；生产进度跟踪主要是实现订单执行过程的可视化监控以及利用订单状态变化实现不同角色订单跟踪和统计需求，包括合同（订单）进度跟踪、订单履约率跟踪、拖期订单跟踪和工人产量统计等功能。

通过该系统实现企业订单进度跟踪，能够有效解决企业当前面临的订单进度无法及时准确跟踪等关键问题。系统通过规范订单管理和计划制订流程，采用条形码技术及时准确采集生产进度信息，并进行统计，满足用户的个性化查询需求，使市场部和生产管理部及时获取生产进度信息，为其相应的决策和工作提供信息依据。

应用实例

面向电子元器件的订单跟踪系统已经在企业进行了应用。订单进度跟踪界面如图 2-14 所示。在订单进度跟踪界面可以根据订单编号查询订单的当前状态，根据订单当前状态的不同可以定位到订单当前所处的业务过程。在订单跟踪界面下部，显示当前订单的全部明细信息，并对每条明细信息的当前状态信息标识，方便市场部人员及时反馈客户需求。由于存在一个订单明细开多个工作令的情况，在显示这种情况的明细状态时，用红色标明存在状态分支，进入分支才能了解到目前订单的状态。

图 2-14　订单进度跟踪界面

订单履约率查询界面如图 2-15 和图 2-16 所示，在查询条件中选择一段时间，可以统计出在这段时间内整个企业订单履约情况，企业管理者可以将本月数据与上月数据对比分析，为企业经营决策提供数据支持。如果在查询条件中输入客户名称，则可以统计这个客户在这段时间内的履约情况，对于企业来说，提高重要客户的订单履约率对于企业的发展有着很重要的意义。

图 2-15　订单履约率查询界面 1

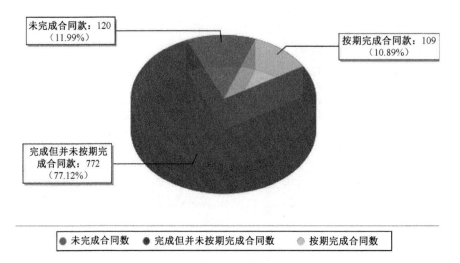

图 2-16　订单履约率查询界面 2

拖期订单跟踪界面如图 2-17 所示，根据上文描述的方法，选择不同查询条件，对拖期订单进行跟踪。根据实际需要选择不同时间段，勾选"超期"和"未发货"两个条件，跟踪这段时间超期的订单。市场部根据查询结果，及时发现拖期原因，并督促订单按时交付；生产管理部根据查询结果，调整订单执行优先级，提高整个企业的订单履约率。实践证明，系统的应用极大改善了客户体验，使得客户订单履约率从原来的 60% 提高到 95% 以上。

图 2-17　拖期订单跟踪界面

工人产量统计界面如图 2-18 所示，在查询条件中输入工人姓名、工序名称以及时间区间，细节查询能够查询出操作工人全部的产出信息，汇总查询会根据工人的姓名、工序以及产品规格进行统计，有效提高生产线效率。

图 2-18 工人产量统计界面

核心观点 数字化转型建立优质客户体验

- 电子元器件企业的数字化转型应从订单跟踪起步。
- 订单跟踪——从订货到交付，让客户随时了解订单状态。
- 状态定义——通过订单状态视图实现跟踪过程数字化展现。
- 订单跟踪系统——实现数字化转型的工具，客户体验的有效途径。

第 3 章

生产可视——企业数字化转型进阶

企业内部运营过程的改善是企业在工业 4.0 渐进发展过程中的必由之路，而实现生产过程的可视、可控是工业 4.0 技术在制造企业落地，提高企业生产管控水平的直接体现。因此，将数字化技术与企业的生产管理、生产过程监控紧密结合起来，实现生产过程可视化是企业数字化转型的重要环节。

电子元器件作为一种广泛应用的"小微"产品，是组成各类机械电子产品的基础类"零件"。电子元器件企业在整个制造业的供应链体系中，基本处于供应链的末端，客户对电子元器件产品的质量可靠性、供货及时性等具有更高要求，借助数字化技术实现电子元器件生产过程的可视、可控具有重要意义。

1 数字化转型进阶：为什么要关注生产过程

在我们的日常生活中，经常会看到这种现象：当我们要选购一种产品时，如果市场上可供选择的产品较少，首要关注的是产品的功能特性；但是，当有多种产品可以实现同样的功能时，我们就会从更多层面去衡量，比如产品质量、价格等多种因素。

企业的零部件采购，也会遇到同样的现象。试想，如果一个企业急需一种非标零件，需要找厂家定制，这时候首先要关注的就是供应商能否满足零件的功能需求。而在竞争激烈的市场环境下，能够提供相同功能产品的供应商往往不止一家，客户在选购产品时更多地要进行"货比三家"，比的不只是功能，还要比质量、比价格、比服务。相对产品功能而言，体现产品质量与服务水平的"过程"能力，就成为赢得客户更为重要的环节。

关注过程的本质是关注产品质量

我们经常说的一句话：耳听为虚、眼见为实。很多餐厅都搞了开放式、透明化的厨房/操作间，让顾客能一目了然，看得清楚、吃得放心。

如果能够把这种理念用到企业的产品生产过程，通过数字化手段实现产品生产过程质量数据的透明化，为客户提供全过程的产品工艺数据，改变原有产品生产出来后的质量检测的观念，代之以全过程的质量观，即将全过程的工艺数据提供给客户，并基于数据及客户标准自动判定产品质量，将会建立起企业与客户之间的极大信任。

这种改变，是针对客户关注焦点，建立客户优质体验的有效手段。通过将产品生产过程透明化，满足客户对产品质量的关注，也有助于企业加强自身的生产过程管控能力，迫使自身提高产品的质量与可靠性。我国航天领域的电子元器件选用历来十分严格，为满足行业对电子元器件质量的高可靠、高稳定性，电子元器件生产企业已经从开始关注产品性能向关注整个产品的制造过程转变，要求电子元器件供应商提供每一个订单产品的生产全过程的工艺数据，形成产品质量数据包。

传统生产过程急需转型升级

传统的生产过程因缺少信息技术支持，对生产管理者而言，生产现场就是"黑箱"，计划管理的指令下达依靠纸质工单派发、生产现场的完工情况通过纸质报表统计、设备状态通过设备维护人员的现场巡检等措施，上述传统的生产过程与工业 4.0 目标相去甚远，急需转型升级。

① 工位现场指示依靠纸质文件：无论是电子元器件企业，还是其他具有个性化、大规模定制化的产品生产，企业每天在同一条生产线上可能生产数百种产品。对生产现场而言，每种产品的生产均依靠生产工单/工作令的指示，组织相应的生产活动。通过纸质方式进行生产指令下达、完工情况统计，造成生产响应滞后、任务执行情况不透明。

② 人工控制设备：现代生产自动化设备大量应用，由于每个产品可能都不一样，因此针对每个产品的生产，必须把自动化设备调整到合适的参数，然后才能生产。而当前电子元器件企业的众多设备大多依靠工人手工调整设备参数，既费时又容易出错。通过人工方式进行设备参数调整，严重影响设备有效利用

率，降低了生产效率。

③ 底层数据采集困难：传统生产过程中，虽然很多设备实现了自动化，但限于单台套设备人工参数设置，尚不具备自动的数据采集功能，更无法实现生产过程工艺、质量追溯。

④ 生产现场人员沟通手段贫乏：当工人发现缺料、设备故障、工具故障时，缺乏必要的手段实现快速的信息传递，以在最短的时间内使问题得到解决，避免现场生产的停顿甚至整条生产线的停线。

⑤ 各生产线协调困难：生产线的生产要在各工位生产协调一致的情况下才能完成，比如分装线必须为主生产线装配合适的分装件，当主生产线的生产顺序因为各种原因调整时，分装线的生产必须及时调整，因此数字化指挥完成的是整条生产线的众多工位生产的一致性管理，主要是在各种调整发生时，能够快速地通知到各个工位，并监督各工位按照统一要求进行工作。

2 电子元器件的生产组织

从生产过程的组织类型看，可以将产品的生产过程分为工艺导向、产品导向和成组生产。

工艺导向又称为工艺专业化（Process-Oriented Specialization）方式，即按工艺特征建立生产单元，同一单元集中了相同类型的设备和相同工种的工人，对不同种类的产品/零件进行相同工艺方式的加工过程。

产品导向又称为产品专业化（Product-Oriented Specialization）方式，按加工对象建立生产单元，单元集中了为加工某种产品（零件）所需的全套设备、工艺装备和各有关工种的工人，对同种或相似的产品（零件）进行该产品（零件）的全部（或大部分）工艺加工过程。

成组生产（Group-Oriented Specialization）方式，按照产品/零件的工艺路线，采用工艺导向与产品导向混合的方式建立生产单元，既能够实现单一品种产品/零件的批量生产，又能够对某些共性工艺单元实现多种产品、零件的集中加工。

对于电子元器件行业企业而言，大多数以产品导向组织生产。近年来，随着产品品种规格的多样化，客户个性化需求的增加，越来越多的企业开始进行生产组织变革，逐步实施以产品导向为主、成组生产为辅的生产组织方式，但具体的组织方式依然受电子元器件的产品分类所影响。

电子元器件产品分类

按照欧洲空间局（European Space Agency，ESA）标准的定义，元器件是指为完成某一电子、电气或机电功能，由一个或几个部分构成而且一般不能被分解或不会被破坏的某个装置。我国《军用电子元器件破坏性物理分析方法》（GJB 4027—2000）中将电子元器件定义为：在电子线路或电子设备中执行电气、电子、电磁、机电或光电功能的基本单元，该基本单元可由一个或多个零件组成，通常不破坏是不能将其分解的。

电子元器件实际上是三种类型产品的合称，即电子元件、电子器件及其他元器件。

电子元件是指在工厂生产加工时不改变分子成分的成品，如电阻器、电容器、电感器等；本身不产生电子，对电压、电流无控制和变换作用。一般又把电子元件分为电气元件和机电元件。

电子器件是指在工厂生产加工时改变了分子结构的成品，如晶体管、电子管、集成电路等；本身能产生电子，对电压、电流有控制、变换作用（如放大、开关、整流、检波、振荡和调制等）。电子元器件的分类如图 3-1 所示。

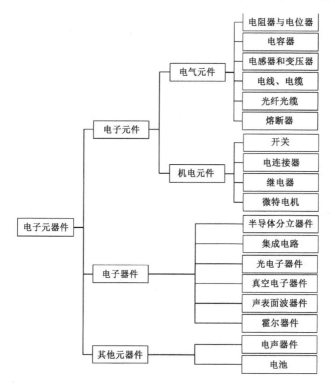

图 3-1　电子元器件的分类

电子元器件的典型生产工艺

电子元器件的生产工艺是对生产加工过程的详细说明，各种工艺的顺序组合构成了工艺流程，即在产品的生产过程中，从原料到制成成品的过程，各项工序的安排顺序、工艺流程往往也被称为加工流程或者生产流程。工艺流程对于最终产品的质量具有重大影响。本书以北京某电子元器件生产商的两种典型产品（RJ 系列与 RJ711 系列）为例进行工艺流程的详细分析。

RJ 系列产品在生产过程中最重要的原材料是白瓷棒，原材料到货后由检验人员进行检验工作，如果质量满足要求则进行入库工作，否则进行退货或换货处理。RJ 型电阻生产工艺流程如图 3-2 所示，主要包括如下三个阶段。

阶段 1：白瓷棒经过蒸发工序，生产出黑棒料，经过压帽后最终制成可以用于 RJ 产品的中间品。

阶段 2：中间品进入制造车间，开始进入 RJ 产品的生产过程，经过刻槽、点焊等生产工序，最终完成产品的加工，在关键工序加工完成之后还要对产品进行过程检验，判断质量特性是否满足过程要求。

阶段 3：产品入库后开始经过各种检验流程，例如，AB 组检验、筛选、二筛以及特殊检验等，最后将合格的产品及配套的报告提交给客户，完成产品的整个制造过程。

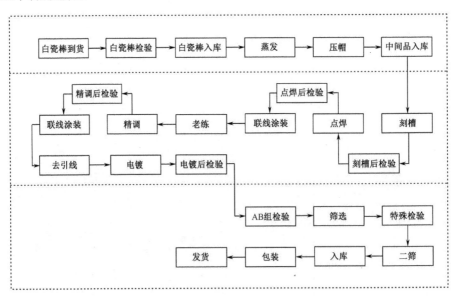

图 3-2　RJ 型电阻生产工艺流程

另一类典型产品是 RJ711 型合金箔电阻器，其根据电阻应变原理设计而成，具有自动补偿电阻温度系数的功能，也即能在较宽的温度范围内具有较小的温度系数。因此对这种精密型电阻，生产作业人员在加工过程中需要对加工工艺和电阻材料进行更加严格的筛选和对生产条件进行更细致的优化，使得出产的电阻达到稳定性高、可靠性好的出厂要求。RJ711 型电阻的具体加工工艺流程如图 3-3 所示。

  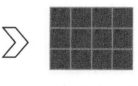

①在陶瓷基片的背面进行激光划线，将一定大小的陶瓷基片分为9×9共81块小长方形的形状。

②将黏结胶均匀地抹在陶瓷基片的正面。再将合金箔黏结在陶瓷基片上，在基片表面获得导电层。

③在合金箔上均匀地抹上光刻胶，利用光刻技术在电阻基体上制作一定尺寸的电阻图形，使其具有一定的电阻值，这时的电阻值为初阻。

⑥通过打断调阻点的方式进行阻值调整，使电阻值满足所需要的精度要求。

⑤单元小片的焊接点面积相当小，利用焊接方法，先将直径为0.2mm的细引线和0.6mm的标准引线相连接，再将细引线与芯片焊接。通过过渡引线使光刻组件与外引线形成无机械应力的导电通路。

④将光刻好的大片，按照陶瓷基片背后的划线分成单元小片，从外观、电路图的清晰程度、光刻胶清洗等方面对合格芯片进行评定和初选。

⑦在电阻芯片表面上涂覆保护剂（保护剂直接接触合金箔），并装入外壳中用环氧树脂灌封，并对电阻进行烘干处理。此项加工工艺的目的为赋予电阻绝缘防潮的性能。

⑧通过短时过载剔除存在隐患的电阻器。此项加工工艺的目的是对电阻进行老化，使得电阻在出厂之前的性能更加稳定。

⑨对电阻器进行阻值测量和TCR测量，阻值测量和TCR测量都是依靠相应的设备与计算机软件相结合，直接得出需要的数据。

⑫将待包装的电阻器装入包装塑料盒和包装纸盒，便于储存和运输。

⑪对电阻器进行阻值测量与外观检查。

⑩将电阻器的相关参数标记在电阻器主体上。目前在生产线上使用最广泛的是激光油墨喷印，还有少部分仍利用丝网刻印和油墨滚印技术。

图 3-3　RJ711 型电阻的具体加工工艺流程

3 生产计划与控制

生产系统构成

从生产组织的视角看，电子元器件的生产组织过程是在生产计划与控制系统的作用下展开的。电子元器件生产系统示意图如图 3-4 所示，由两部分组成：软装备系统与硬装备系统。

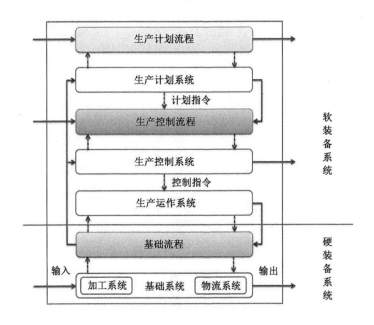

图 3-4　电子元器件生产系统示意图

这里的软装备系统和硬装备系统，与德国工业 4.0 战略、智能工厂的核心——信息物理生产系统是一致的。硬装备系统是整个电子元器件生产制造的基础系统，也就是将原材料转换为半成品、成品/目标产品的物理生产系统，是由完成原材料/零部件加工、制造/装配的加工系统和生产物流系统所构成。图 3-4 中的基础流程，则是负责基于工作对象（如待加工的电子元器件棒料等）对构成基础系统的各个系统组件的运作执行，并可以进一步分解为加工系统、物流系统的子流程。这些流程即构成了电子元器件加工的全部工艺流程。各个工艺流程包含具体的工艺步骤，并与特定的加工设备构成加工单元。软装备系统则负责对生产系统的实际控制，包含生产计划系统、生产控制系统与生产运作系统。

生产计划系统包含一系列用于制订生产计划及计划指令的计算机及软件，通过计划系统确定生产系统要出产的具体产品（种类及数量）及其出产的时间点，并输出计划指令用于指导基础系统的实际生产过程。生产计划流程决定何时及何种条件下执行生产计划的相关活动，如重计划/滚动计划或者重调度等。同理，生产控制系统是由一系列用于制订生产控制程序及控制指令的计算机及软件组成的，并影响着基础流程。而且，生产控制决策只对已经进入基础流程的（待加工）的对象产生影响。与此相对应的控制流程决定了何时及何种条件下特定的生产控制算法应用于具体的生产控制程序当中。

最后，生产运作系统负责对基础流程的即时控制，即控制指令通过运作系统作用于基础流程。生产运作系统通常包含代表着构成基础系统的各种系统组件及基础流程的加工对象的具体状态，是基础系统与基础流程的映射。通常，生产运作系统执行的结果保存于数据库中，并通过基础流程反馈给生产计划系统和生产控制系统。生产计划系统、生产控制系统和生产运作系统，以及生产经营决策者构成了信息物理生产系统中的"信息系统"。

电子元器件的生产计划体系

生产计划是任何一个制造企业运营管理中不可缺少的功能和环节，制订计划是否科学直接关系到生产系统运行的好坏。生产计划是为制造企业、生产车间或生产单元等制造活动的执行机构制订在未来的一段时间（称为"计划期"）内所应完成的任务和达到的目标。生产计划的制订是一个复杂的系统工程，需要借鉴和利用先进的管理理念、数学运筹与规划方法以及计算机技术，在制造企业现有的生产能力约束下，合理地安排人力、设备、物资和资金等各种企业资源，以指导生产系统按照经营目标的要求有效地运行，最终按时、保质、保量地完成生产任务，制造出优质的产品。

科学合理制订生产计划，其核心是处理好任务与能力之间的平衡问题，做好各方面的平衡是计划工作的基本方法。如图 3-5 所示的生产计划体系中，要处理好三类计划的平衡问题：长期计划、中期计划和短期计划。

- 长期计划：目标任务与资源、资金的平衡。
- 中期计划：生产技术与生产技术准备的平衡、生产与成本的平衡。
- 短期计划：生产任务与生产能力的平衡、生产与质量的平衡。

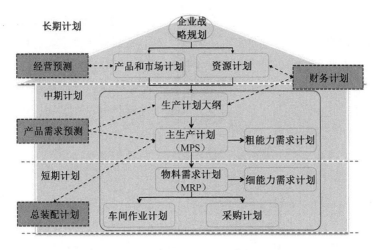

图 3-5 电子元器件的生产计划体系框架

在电子元器件的生产计划体系中，中期和短期计划是整个计划体系的核心，决定了电子元器件生产系统的运行、控制。其中的生产计划大纲、主生产计划和粗能力需求计划，构成了中期计划层面的主要内容；而物料需求计划、车间作业计划、采购计划及细能力需求计划，则是短期计划层面的主要内容。

（1）生产计划大纲

生产计划大纲又称为综合生产计划（Aggregate Production Planning，APP）是根据市场需求预测和企业所拥有的生产资源，对企业计划期内出产的内容、出产数量以及为保证产品的出产所需劳动力水平、库存等措施所做出的决策性描述。生产计划大纲是企业的整体计划（年度生产计划或年度生产大纲），是各项生产计划的主体。

（2）主生产计划

主生产计划（Master Production Schedule，MPS）是对企业生产计划大纲的细化，是详细陈述在可用资源的条件下何时要生产出多少物品的计划，用以协调生产需求与可用资源之间的差距。主生产计划确定每一个体的最终产品在每一具体时间内的生产数量。

（3）物料需求计划

物料需求计划（Material Requirements Planning，MRP）是生产和采购产品

所需各种物料的计划，是根据何时主生产计划上需要物料来决定订货和生产的。根据产品结构和主生产计划，综合考虑物料库存情况，确定满足生产需求的物料数量及要求到货的时间。

MRP 基本原理是将企业产品中的各种物料分为独立物料和相关物料，并按时间段确定不同时期的物料需求，基于产品结构的物料需求组织生产，根据产品完工日期和产品结构制订生产计划，从而解决库存物料订货与组织生产问题。MRP 以物料为中心的组织生产模式体现了为顾客服务、按需定产的宗旨，计划统一可行，并且借助计算机系统实现了对生产的闭环控制。

（4）生产能力计划

生产能力是指在一定时期内，直接参与企业生产过程的固定资产，在一定的技术组织条件下，经过综合平衡后，所能生产的一定种类产品最大可能的产量。生产能力计划就是对生产能力的合理规划，又可以分解为粗能力计划与细能力计划。

粗能力计划的处理过程是将成品的生产计划转换成对相对的工作中心的能力需求。其中的生产计划可以是综合计量单位表示的生产计划大纲，或是产品、产品组的较详细的主生产计划。

细能力计划又称为详细能力计划，是指在闭环 MRP 通过 MRP 运算得出对各种物料的需求量后，计算各时段分配给工作中心的工作量，判断是否超出该工作中心的最大工作能力，并做出调整。生产计划人员决定当前能力供应能否满足生产需求，如果能力无法满足需求，或者能力不够均衡，则要么调整生产任务数量或时间，要么调整有效工作日，直至能力供应满足所有生产任务需要时为止。

粗能力计划与细能力计划的比较：

- 参与闭环 MRP 计算的时间点不一致，粗能力计划在主生产计划确定后即参与运算，而细能力计划是在物料需求计划运算完毕后才参与运算的。

- 粗能力计划只计算关键工作中心的负荷，运算时间较短；而细能力计划需要计算所有工作中心的负荷情况，运算时间长，不宜频繁计算、更改。

生产计划与控制的层级结构

生产计划与控制系统是构成电子元器件制造系统的核心，计划的制订在时间范围内可以从月到年，称为"计划周期"。在每一个计划周期内，可以将该周期细分为周或月为单位的时间块，所有的计划决策都基于该时间块而确定，并能够在有限的制造能力基础上加以执行/实现。同时，在计划制订时就要获得预期的生产结果，即计划是对生产执行过程结果的准确预期，这样才能对订单的执行情况给出恰当的响应。

在电子元器件制造中，长期层面的产品/市场计划/资源计划等属于战略层面，而中期层面的主计划则属于战术层面，确定了一段时间内生产的产品及所需的资源，具有更好的操作性；而能力计划通常决定了未来能够生产的产品品种、数量的合理搭配（称为产品矩阵）。图 3-6 为电子元器件生产计划与控制的层级结构（按照时间的颗粒度进行划分）。

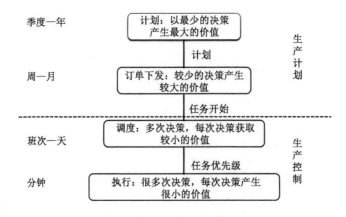

图 3-6 电子元器件生产计划与控制的层级结构

生产计划的执行/操作，可以基于时间驱动或者事件驱动，或两者结合。在时间驱动下的生产计划执行，生产计划通常以"滚动"执行的方式，即在特定的计划执行周期结束后，生产计划决策重新执行，进行滚动计划，并进入下一个计划执行周期。两次滚动计划之间的时间，称为计划间隔期。事件驱动的生产计划执行/操作，一般是对特定订单/生产任务的响应。如在订单到达时，驱动生产计划；在出现质量缺陷或者设备故障时，重新进行计划安排等都属于事件驱动的生产计划执行/操作。时间和事件混合驱动下的计划执行/操作，是既有计划周期的约束，同时考虑特定事件的影响，进而决定生产计划执行/操作的过程。

订单是生产计划与控制系统的"驱动器"，其分解/汇总及下发决定了生产计划与控制的触发点。对于电子元器件制造系统而言，订单的下发决定了一系列的生产工艺任务需要在特定的时间点完成。通常，电子元器件行业以"按单生产"的方式组织生产进程，并按照周或双周为单位进行订单的汇总及下发，驱动生产计划与控制系统。

调度是将生产计划转化为实际控制指令并执行的核心功能，实现对计划周期内的生产资源的合理分配，其目标是对生产决策过程中的多目标优化。电子元器件行业的生产调度，可以对单台设备、加工中心（如老化中心）、多台设备的工作单元（如精调单元）的元器件加工任务进行优化安排，也可以对所有产品的生产线进行调度优化。同时，调度决策也能够对生产物流系统进行调度优化，实现制造单元与物流单元的优化匹配。

执行是针对一系列调度任务（加工任务或者物流服务）在可用设备/资源上的分配并完成加工/服务的过程。在执行阶段，具体任务根据调度阶段确定的优先级在相应的设备/资源上完成加工或物流服务的过程。在整个生产计划与控制的层级体系上，执行处于最底层，并依据计划指令连续进行。

在图 3-6 所示的生产计划与控制的层级结构中，不同层次之间的交互细节以及各层级的决策活动，通常是基于信息系统（软件及其算法）进行求解的。在电子元器件制造领域，上述生产计划与控制系统主要依赖于 ERP（Enterprise Resources Planning）系统与 MES（Manufacturing Executive System），分别用于生产计划分解、调度生成以及从基础系统（生产设备等硬件系统）采集数据。ERP 系统主要用于支持生成计划决策制订，但由于 ERP 系统在计划决策方面的不足，类似于 APS（Advanced Planning and Scheduling）等更为专业的计划调度软件用于支持生产计划制订环节。MES 则主要用于对计划指令与现场控制设备之间的指令传递，以及获取现场数据，支持生产控制决策。ERP 系统与 MES 在生产计划体系中的承上启下作用如图 3-7 所示。

计划层强调企业的作业计划，它以客户订单和市场需求为计划源，充分利用企业内部的各种资源，降低库存，提高企业效益。控制层强调设备的控制，如 PLC、数据采集器、条形码、各种计量及检测仪器、机械手等的控制。执行层是位于上层的计划管理系统与工业控制系统之间的信息系统。它为操作人员/管理人员提供计划的执行和跟踪以及所有资源的当前状况，主要负责生产管理

和调度执行。

MES 是位于上层的计划管理系统与工业控制系统之间的面向车间层的管理信息系统。它为操作人员/管理人员提供计划的执行和跟踪以及所有资源（人员、设备、物料、客户需求等）的当前状况。MES（生产执行系统）通过控制包括物料、设备、人员、流程指令和设施在内的所有工厂资源来提高制造竞争力，提供了一种在统一平台上集成诸如质量控制、文档管理、生产调度等功能的方式。

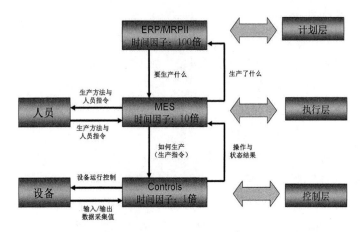

图 3-7　ERP 系统与 MES 在生产计划体系中承上启下的作用

4　生产过程可视化

生产指令——电子元器件的工作令

工作令是电子元器件企业生产过程执行时的重要依据，它既是车间生产计划的体现，也是制造过程信息的载体。

目前，电子元器件行业的生产流程中，主要以纸质的形式传递相关生产信息，如计划指令等。根据企业的不同，信息载体的名称有所不同（例如工作令、随工单或者生产信息单等），本书以"工作令"作为统一名称命名生产计划指令。工作令的一般形式如表 3-1 所示。

表 3-1 ×××型高稳定金属膜固定电阻器工作令卡

令号		镀膜令号		镀膜材料				初阻			
终阻		精度		数量				开令人			
温度系数范围/均值				工序变化范围/均值							
记事											
刻槽（关键）	投入数		序号	时间	X_1	X_2	X_3	X_4	X_5	均值	极差
			1								
	产出数		2								
			3								
	设备号		4								
			5								
	砂轮片型号		6								
	槽宽		7								
	操作人		8								
	日期				$\bar{X}=$				$\bar{R}=$		
刻槽后处理	投入数	清晰时间		一遍		一遍		一遍		一遍	
	产出数	操作人						日期			

工作令所承载的生产数据主要包括：

（1）工作令基础数据

包括唯一确定本批次产品的编码（工作令号）、批次产品的规格型号、投入数及相关备注等，确定了本批次产品的基本信息，其中编码按照一定的规则生成,投入数很大程度上基于生产线调度人员的工作经验,具有很大的随机性。

（2）制造过程数据

包括生产过程中各个工序的名称、投入数、产出数、工序的设备信息及特定工艺参数等。某些工序由于较为复杂,在其内部又划分为两个或者两个以上的子工序,子工序同样具有同父工序相似的信息。工艺参数是本部分最重要的

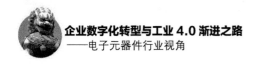

信息，它决定了产品的生产条件，对于产品的质量起到至关重要的影响，也是我们后期数据采集的重点。

（3）质量检验数据

工序分为一般工序和关键工序，其中关键工序对于产品的质量数据具有重大的影响作用，其直接决定最终产品的质量分布状况。因此，在进行完关键工序之后，会对产品的相关质量特性进行检验，判断产品是否满足质量要求。检验的数据主要分为以下几种：①记录数值型，记录产品的准确质量特性值，检验数量分为抽检和全检两种；②记录个数型，主要记录关键工序之后产品的合格品或者不合格品数；③记录质量数据分布，对于质量数据的偏差进行统计记录。

（4）其他信息

包括合同的客户信息及特殊要求信息等。由于航空企业的特殊性，某些产品的加工方法可能不同于常规，所以需要采取个性化的加工手段，这些信息都会在工作令中进行标注说明。

以电阻生产为例，其工作令基础信息包括工作令号、型号、功率、阻值、精度、特性、合同编号、合同数、计划数、实发数、开令人、交货期等信息，这些信息一部分在调度员开令时从订单直接获取，还有一部分是由调度员根据订货量和交货期来灵活填写的。制造过程数据信息是指工作令卡流转到每道工序时需要记录的加工信息，包括工序名称、设备号、投入数、产出数、废品数、废品原因、操作人、操作时间等，这些信息由生产线操作工手工填写，反映加工情况。质量信息是指工作令卡流转到每道工序时记录的与该道工序加工相关的工艺参数信息，由生产线操作工负责填写，工艺参数随着工序的变化而变化，这些检验信息最终用于质量控制。

电子元器件产品种类多样性，使得产品的加工工艺也不尽相同，因此，产品加工过程中所使用工作令卡也是多种多样的。一般来讲，每种型号产品都会有至少一种工作令卡与之对应，工作令卡的格式、大小和内容也都不同。

仅以电阻为例，由于电阻种类多，加工工艺有所区别，可以将工作令卡分为七个大类，分别是：RJK（金属膜电阻器）生产线工作令卡、RMK（片式固定电阻器）生产线工作令卡、RJ（厚膜电阻器）生产线工作令卡、RJ711（合金箔电阻器）生产线工作令卡、RN（电阻网络电阻器）生产线工作令卡、RI（玻璃釉膜电阻器）生产线工作令卡、RX（线绕电阻器）生产线工作令卡，每个工作令大类又是由许多不同产品型号的工作令卡构成的，如表 3-2 所示。

表 3-2　工作令分类

生产线名称	工作令小类
RJK	RII-8 工作令、RII9 工作令、RII-8D 工作令、RJK 闲品工作令、RII-8A 工作令
RMK	RMK 普通工作令、RMKT 工作令、RMK 电极令、B 片式电阻器筛选令（短）、A 片式电阻器筛选令（长）
RJ	RJ 蒸发工作令、RJK 镀膜流动卡、RJ 民品生产工作令、产品筛选跟踪卡、新 RJ 筛选令（下）、新 RJ 筛选令（上）、RJ 军品生产工作令
RJ711	RJ711 军品工作令、RJ711 闲品工作令、RJ711 芯片工作令、RJ711 民品工作令、RJK711 工作令、RJ711（RCK）型有可靠性、RJ711 光刻令
RN	军用电阻网络工作令、电阻网络工作令、双列电阻网络工作令
RI	RI 工作令、RI 工作令（2）
RX	RX75 工作令、RX76（CAST）工作令、RX21（CAST）工作令、RX75（普军、民品）工作令、RX70（CAST）工作令、RX76（民品、普军）工作令、RX70（民品、普军）工作令、RXG21（SAST）工作令、RX21（民品、普军）工作令、RXG21 工作令

　　按照工作令在生产过程中功能的不同，可以将工作令分为三类：生产工作令、辅助工作令和筛选工作令。

　　生产工作令是指在生产线调度员根据订单制订生产计划并且用于生产过程的工作令，这种工作令不仅与订单进行了关联，同时也记录了制造过程中的全部加工过程信息和质量信息，如 RJK 工作令、RJ24 工作令等。

　　辅助工作令主要是指一些辅助生产过程的半成品加工时所使用的工作令，这些工作令主要是对原材料进行粗加工时使用的，目的是为正式生产提供所需的半成品，如光刻工作令、蒸发工作令等。

筛选工作令主要完成类似库存台账的作用，蒸发工作令会记录某个批次产品在不同时间段的出库情况，以备库存盘点使用，如产品筛选跟踪卡和 B 片式电阻器筛选令等。

工作令在电子元器件生产过程中占有十分重要的地位。由于航天产品的特殊性，航天系统供应链上的研究院所要求电子元器件厂商对生产的每批产品都要有唯一的标识，即产品批次。工作令号作为工作卡的基本属性之一，且对于电子元器件企业来说工作令号具有唯一性，即工作令号作为唯一标识这批产品的记号。因此，工作令号也可以作为订单跟踪与质量追溯的重要依据。具体作用体现在以下三个方面。

① 订单确认完成之后，生产线调度员会根据订单明细将订单拆分成一个或者多个工作令安排生产，并且在工作令上记录了与订单的关联关系。在后续进行订单跟踪时，也主要依赖工作令来确认订单的当前执行情况。

② 工作令作为制造过程信息的载体，将产品信息、加工工艺信息、设备信息、质量信息等关联起来，实现整个制造过程信息整合，避免信息孤岛的存在。

③ 通过客户反馈的批次号反向追溯生产过程的工作令号，并通过工作令号查找到生产这批产品时使用的原材料以及在生产过程中与这批产品相关的各种信息，实现产品质量追溯。

多生产线工作令集成建模

当前，在电子元器件的生产管理中，工作令发挥着重要作用，直接影响订单跟踪、计划控制与产品的质量追溯。但由于电子元器件种类繁多，企业生产管理的条块分立，按照产品种类或者生产线类型设置工作令的方式，存在以下缺点。

① 工作令种类多，数量大。电子元器件企业依据生产线的不同，工作令也不相同，每条生产线包含工作令的种类不等，且在实际生产时，调度员根据订单明细开工作令，每个订单明细至少对应一个工作令，由于电子元器件的生产周期一般为 30 ~ 45 天，导致生产线积压大量工作令，不便于具体订单／产品的进度跟踪与状态监控。

② 工作令包含信息不规范。上文提到工作令种类繁多，由于每个工作令上的内容不完全相同，造成工作令的模板、格式以及数据表现形式也都不同，一

旦产品加工工艺发生变化，工作令也必须发生变化。

③ 工作令与订单关联性差。实际生产中一个订单可能对应多个工作令，与工作令关联的订单信息只记录在工作令卡上。一旦纸质工作令丢失或者损坏，很难再将此工作令与订单和生产计划关联。

④ 工作令追踪困难。调度员开工作令之后，工作令会被安排在生产线进行生产，随着生产的进行，工作令随即分布于加工工艺的各个工序，统计人员无法及时准确了解每个工作令位于哪道工序，从而导致无法及时统计相应工作令卡的生产进度信息，及时响应客户的需求。

因此，通过构建数字化的工作令集成模型，解决工作令信息规范性差、与订单关联性差和工作令跟踪困难等问题。将工作令所属生产线作为工作令基本信息的一个属性，为解决工作令与订单关联性差的问题，将订单号也作为工作令基本信息的一个属性。另外，通过对不同生产线工作令包含信息进行对比，整合相同属性，并对每条生产线特有的属性进行特殊处理，建立起工作令基础信息、制造过程信息、质量信息三层结构，如图 3-8 所示。

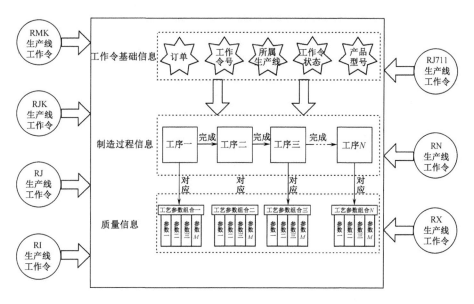

图 3-8　数字化的工作令集成模型

数字化集成工作令模型基础信息部分主要包含：工作令号、型号、功率、阻值、精度、特性、订单编号、合同数、计划数、实发数、开令人、交货期、

所属生产线和工作令状态等数据。另外，根据产品加工工艺路线可以确定制造过程中各个工序名称，从而确定制造过程中需要采集的信息，质量检验信息形成于工序确定之后，每个工序都对应着相应的工艺参数。

基于工作令的生产过程跟踪

围绕电子元器件的关键生产工序，将工作令集成模型中的基础信息、制造过程信息和质量信息按照工艺路线的顺序，形成电子元器件生产过程跟踪的业务逻辑。生产过程跟踪包含了对具体工序的物料领用过程产生的信息；加工过程产生的工序执行信息，包括操作工人、加工设备、生产日期、合格品数量、不合格品数量以及具体工艺参数信息；加工过程耗用的材料、人工和设备等资源；工序质检以及最初的原材料入库检验和最终的成品检验产生的质量检验信息等。

以某企业的常规电阻产品——RJK 的生产为例，说明基于工作令的生产过程跟踪及其信息流如图 3-9 所示。

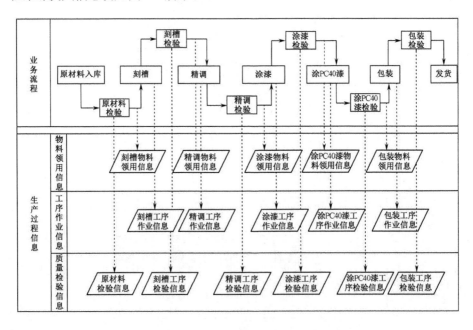

图 3-9　工作令的生产过程跟踪及其信息流

（1）业务流程

在生产管理部调度员接收到市场部订单之后，根据订单开工作令，然后将工作令下发到生产线开始生产，经过刻槽—精调—涂漆—涂 PC40 漆—包装等关键工序之后，最后办理发货。在整个制造过程中包含很多的生产信息，这些信息通过工序流转关联在一起。以刻槽工序为例，刻槽所需原材料在经过质检部检验之后办理入库，生产线人员办理领料出库后作为刻槽工序的物料领用信息，刻槽工序的物料领用信息还包含一些在生产过程中使用的辅料等。刻槽工序作业信息是指产品在刻槽工序上加工时的设备信息、投入产出信息、操作人和操作时间以及工艺参数信息。刻槽工序检验信息是指关键工序加工完成之后要对其进行检验，并记录检验信息，并在后续质量分析时利用这些信息进行质量控制。刻槽工序加工之后的半成品会作为精调工序的物料领用信息存在，使整个产品制造过程中的不同工序关联在一起。

（2）生产过程信息

对应于电子元器件的业务流程，其生产过程信息包含了以下三个阶段的信息：物料领用、工序作业和质量检验，如图 3-9 所示。

①物料领用过程是指在一道工序开始前，不仅要先准备好即将使用的物料，这里的物料指原材料、半成品或者成品，还要准备好相关的设备以及相关的人员等信息，在这个过程中建立了即将生产的产品工序与所使用的各种生产要素之间的联系。

②工序作业过程是指工人在特定设备上将原材料转换为半成品或者成品的过程。在这个过程中，将工人、使用的设备以及半成品或者产成品的基本信息与工序进行了关联，并产生了相关的工艺参数信息。

③质量检验过程对应不同工序有不同检验项目，由特定工人执行检验步骤，因此将不同工序的检验项目信息、工人基本信息关联到工序。

以工序为单元将上述三个过程信息进行整合，即将工序物料领用和工序质量检验关联到相应的工序作业过程上，并依据产品加工工序路线，按照工序执行顺序将所有工序信息关联，得到整个产品制造过程的信息模型如图 3-10 所示，该模型建立了制造过程的静态生产资源信息和动态过程信息之间的联系，使得不同工序之间实现信息的互联和集成，避免信息孤岛的存在，也为信息的有效利用提供了便利条件。

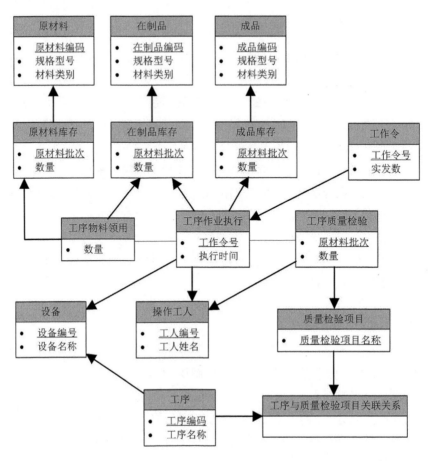

图 3-10　产品制造过程的信息模型

5　电子元器件瓶颈工序调度优化

电子元器件生产企业通常包括多条生产线，每条生产线生产不同类型的产品。例如，某电阻生产企业拥有片式电阻器、金属膜电阻器、合金箔电阻器、高压电阻器、功率电阻器、电阻网络等多条生产线；某半导体封装企业拥有模拟电路、数字电路和集成稳压器三条生产线。它们的生产过程通常可分为制造和检验两部分。每条线的制造环节由于加工工艺路线的不同，所采用的工艺和设备也就不同，基本上不存在设备共用的问题。而检验环节，由于电子元器件企业的特点，绝大部分产品均需要在制造完成后进行加速检验，该检验需要老化设备对产品进行老化处理，不同生产线共用老化设备，如图 3-11 所示。目前，大部分电子元器件企业将老化工序整合在一起，建立统一的老化车间。

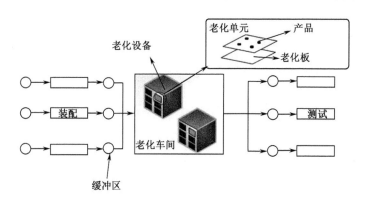

图 3-11　电子元器件企业生产流程

电子元器件企业属于多品种变批量生产，老化周期通常较长，且不同产品的老化时间差异较大，批量的不同也影响着老化设备的使用率。加上订单的交付期紧，质量要求严，且需要百分百检验，这些因素共同导致老化工序成为瓶颈工序。

问题描述

老化车间拥有若干不同类型的老化设备、老化板。完成制造的产品整齐地排放在老化板上，老化时将老化板放入老化设备的通道中，设置电压、时间等关键参数进入老化阶段。老化车间有新旧程度不同的老化设备，不同设备的通道数不同，老化板可以进入任意设备的某一个通道。但是，一种老化板适用特定几种类型的产品。对于在某一段时间内到达的订单，每个订单需要的产品类型、批次数量和交货期不尽相同，如何合理的利用老化设备、老化板来完成调度生产成为当前生产亟待解决的问题。该问题的目标是最小化老化处理时间、最大化设备利用率，从而实现订单的快速交付。该生产调度问题存在以下约束条件：

①　老化设备是有限的，每个设备的通道数是有限的且不同设备的通道数不同。

②　一个通道只能容纳一个老化板。

③　老化板的数量足够多，不存在短缺现象。

④　不同老化板所能容纳的产品数量不一样。

⑤　不同类型的产品可以安装在同一块老化板上，这取决于老化板的安装接

口和产品的电参数。安装接口和电参数一致的产品可以安装在同一块老化板上。

⑥ 老化板可以放入任何一个设备。

⑦ 一台老化设备在同一时间内只能处理一个批次的产品，老化处理期间不允许取出优先处理其他批次的产品。

⑧ 相比于产品的老化时间，产品安装到老化板上的时间可以忽略不计，此外，通常情况下产品进入老化车间时会在缓冲区长时间滞留，这个阶段可以将产品安装在剩余的老化板上。

⑨ 不考虑意外情况，所有设备均正常工作。

⑩ 已知订单数量和交货期。

根据以上问题的详细分析，在产能约束的条件下，对老化车间中的各种资源进行生产调度优化。每个产品的老化时间都需要严格遵守其工艺要求，每个订单又有其时效性，所以需要合理安排各个订单在各个设备上的先后顺序。

订单分批

老化车间的调度员在一段时间内确定了一批订单需要进行生产调度。由于订单多品种变批量的特点，首先需要依据收到的订单按照产品类型 PT、交货期 D 和批量大小 DN 分成子批，具体分批步骤如下。

① 根据不同的产品类型分成不同的批次。将不同订单中相同类型的产品合并成一个批次，形成子批 PT_1，PT_2，PT_3，…。

② 按照交货期 D 进行分批。将步骤①形成的子批，按照交货期 D 相近和相同的电参数原则合并成一个批次。例如，存在三个子批的交货期分别为 D_i，D_j，D_k，且三个子批的老化电参数相同。在这三个交货期中 $D_i < D_j < D_k$，且相比于 D_k，D_j 更接近于 D_i，于是可将这三个子批合并为两个批次，交货期分别为 D_i（D_i，D_j）和 D_k。

③ 最大批次数量限制。如果根据以上两个步骤合成的子批的交货量 DN 没有超过最大批量限制 B_{max}，则将其划分为一个批次。当超过最大批量限制 B_{max} 时，超出部分再按步骤③分批。

若 $DN < B_{max}$，DN 为一批；否则 B_{max} 为一批，$DN - B_{max}$ 再执行步骤③进行分批处理。

批次排序

通过订单分批规则将这一阶段内的所有订单分成子批 B_1，B_2，B_3，$\cdots$，B_n。批次排序模型将对这 n 个批次排序，形成生产次序，生成规则如下。

① 按照生产类型分。生产试制产品的优先级高于普通销售类产品。

② 将每个子批包含的所有产品的交货期（D_1，D_2，D_3，$\cdots$）中的最小值作为该子批的交货期。

③ 将所有子批依据其交货期由小到大的顺序进行重新编号，此时子批的排序为 $D(B_1) \leq D(B_2) \leq D(B_3) \leq \cdots \leq D(B_n)$，其中 B_i 表示子批 i。

④ 对于交货期相同的子批，批次数量（DN）小的和不可延迟的子批优先生产。例如：$D(B_i)=D(B_j)$，若 $DN(B_i) > DN(B_j)$，则将批次的 i 和 j 的编号互换。

⑤ 生产最终生产序列。B_1，B_2，B_3，$\cdots$，B_n，它们之间的关系如下：

$$D(B_1) \leq D(B_2) \leq D(B_3) \leq \cdots \leq D(B_n) \tag{3.1}$$

如果 $D(B_i)=D(B_j)$，则 $DN(B_i) < DN(B_j)$。

问题建模

（1）老化生产时间

该模型采用离散时间建模方法，设备一直正常工作到生产完在该设备上的最后一批产品。单个批次生产时间由产品类型决定，按照上述模型确定的批次序列安排某个批次产品进入某个设备进行老化。

设备 j 上生产完所有子批（B_1，B_2，$\cdots$，B_n）所需的时间由式（3.2）求得：

$$MS_j = T_j(B_1)+T_j(B_2)+\cdots+T_j(B_n), j=1,2,\cdots,m \tag{3.2}$$

式中，$T_j(B_1)$ 表示批次 1 在设备 j 上的老化时间；MS_j 则表示设备 j 完成所有子批所用的时间。

那么，老化车间完成所有子批所需的时间可以由式（3.3）求得：

$$MS_{\max} = \max\{MS_j \mid j=1,2,\cdots,m\} \tag{3.3}$$

式中，MS_j 表示设备 j 的老化时间，可由式（3.4）求得：

$$MS_j = \sum_{i=1}^{n} t_{ij} \times E_i \tag{3.4}$$

式中，t_{ij} 表示批次 B_i 是否在设备 j 上进行老化；E_i 则表示批次 i 的老化时间。

（2）老化车间生产能力

老化车间在生产资源中占有重要的地位，不仅因为老化工序用时较长，而且老化不同类型的产品，试验的老化板就可能不同，每个老化板的容量也可能不同，因此导致老化设备的生产能力不尽相同。例如，同一段时间内都是用了某种类型的设备进行老化，但是老化不同类型的产品的效率是不一样的，这样就导致设备的利用率不一致。

老化设备 j 生产子批 i 的生产能力由式（3.5）求得：

$$CA_{ij} = c_i \times b_j \times t_{ij} \tag{3.5}$$

（3）老化车间生产调度优化模型

综合上述的生产时间模型和生产能力模型，该生产调度优化模型的主要任务是在综合各种生产资源的生产能力和尽可能满足交付期的情况下，进行生产调度优化，完成这些子批产品的生产，生成车间所有设备完成这一阶段内所有订单的生产计划。

按照问题描述中的假定条件，在各个设备上，所有批次 $(B_1, B_2, B_3, \cdots, B_n)$ 按照其优先顺序老化，更换老化板的时间忽略不计。建立老化车间生产调度优化模型：

$$\min MS = \max\{MS_j \mid j = 1, \cdots, m\} \tag{3.6}$$

$$\text{S.T.} \quad \sum_{j=1}^{m} c_i \times b_j \times t_{ij} \geqslant DN_i \tag{3.7}$$

$$\max\{\sum_{l=1}^{i} t_{ij} \times E_l \mid j = 1, 2, \cdots, m\} \leqslant D_i \tag{3.8}$$

$$t_{ij} \in \{0, 1\}, \forall i, j \tag{3.9}$$

$$D_i \leqslant D_{i+1} \tag{3.10}$$

其中，目标函数式（3.6）为这一阶段内所有产品老化完成所需的时间，MS_j 表示设备 j 完成老化所需的时间。式（3.7）表示生产能力约束，即分配给子批 i 的各个设备的生产能力需要大于该子批的数量。式（3.8）表示交货期约束，即子批 i 的产品在各个设备上老化的最晚完成时间应小于该子批的交货期。式（3.9）表示子批 i 与设备 j 之间的对应关系。式（3.10）表示子批 i 的交货期小于或等于子批 $i+1$。

具体变量意义如下：

MS：完成该段时间内所有订单的最小老化时间（天）；

MS_j：设备 j 完成所有子批所需的时间（天）；

DN_i：子批 i 产品的数量（支）；

D_i：子批 i 产品的交货期（天）；

E_i：子批 i 老化所需时间（天）；

c_i：子批 i 所使用的老化板的容量（支）；

b_j：设备 j 所拥有的通道数（个）。

t_{ij}：子批 i 是否在设备 j 中进行老化，0 表示否，1 表示是。

模型求解

老化车间瓶颈工序的生产调度优化模型是一个典型的整数线性规划问题，属于 NP 难问题，采用简单优化算法求解往往需要大量的时间，而且很可能最后没有计算结果。优化算法中的遗传算法在解决生产调度优化问题上有其优势，常常能够得到最优解或较优解。

Srinicas 提出在种群迭代过程中可以改变变异概率和交叉概率的自适应遗传算法（AGA）。种群中的个体可以依据其适应度函数值来评价其在种群中的优劣程度，因此可以依据个体的适应度函数值对交叉概率和变异概率做出相应的调整。

AGA 的交叉概率 P_c 变化和变异概率 P_m 变化的公式分别如下：

$$P_c = \begin{cases} \dfrac{k_1(f_{max} - f)}{f_{max} - f_{avg}} & , \ f \geqslant f_{avg} \\ k_2 & , \ f < f_{avg} \end{cases} \quad (3.11)$$

$$P_m = \begin{cases} \dfrac{k_3(f_{max} - f)}{f_{max} - f_{avg}} & , \ f \geqslant f_{avg} \\ k_4 & , \ f < f_{avg} \end{cases} \quad (3.12)$$

f_{max} 表示种群中最优个体的适应度函数值，f_{avg} 表示种群中所有个体的平均适应度函数值，f 表示要发生变异或交叉行为个体的适应度函数值。公式中 k_1，k_2，k_3，$k_4 \in (0, 1)$，当 k_1，k_2，k_3，k_4 取值确定后，算法中的交叉概率和变异概率就可以依据适应度函数值的变化而适时地做出相应的调整，从而有效抑制个体的早熟现象。

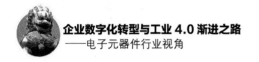
（1）编码

根据上文建立的优化模型的特点，将子批 i 和设备 j 作为编码对象，并采用矩阵编码，如下所示：

$$\begin{pmatrix} t_{11} & \cdots & t_{1n} \\ \cdot & t_{ij} & \cdot \\ t_{m1} & \cdots & t_{mn} \end{pmatrix}$$

矩阵中的 m 行和 n 列分别表示子批（1，2，$\cdots$，m）和设备（1，2，$\cdots$，n）。t_{ij} 表示子批 i 是否在设备 j 上进行老化，0 表示子批 i 不在设备 j 上进行老化，1 表示是子批 i 在设备 j 上进行老化。行向量 $[t_{i1}\ t_{i2}\ \cdots\ t_{in}]$ 表示子批 i 在所有设备中的分配情况。列向量 $[t_{1j}\ t_{2j}\ \cdots\ t_{mj}]$ 表示设备 j 的使用情况。另外，本算法中种群的初始化采用[0，1]随机生成初始种群。

（2）适应度函数值

根据调度优化模型式（3.6）的目标函数求的是最小值，因此选用目标函数 $MS=\max\{MS_j\,|\,j=1,\cdots,m\}$ 的倒数作为适应度函数，从而计算种群中每个个体的染色体的适应度函数值。此外，在约束条件中，不允许存在子批 i 的交货量得不到满足，即 $\sum\limits_{j=1}^{m} c_i \times b_j \times t_{ij} \leqslant DN_i$；可以允许适当的超期，因此本算法对满足交货期的个体给予适当的激励。因此，最终的适应度函数值可用式（3.13）表示，其中 MS_k 表示染色体 k 的老化时间。

$$f(k)=\begin{cases} 0 & ,\ \sum\limits_{j=1}^{m} c_i \times b_j \times t_{ij} \leqslant DN_i \\[2mm] \dfrac{a}{MS_k} & ,\ \max\{\sum\limits_{l=1}^{i} t_{lj} \times E_l\} \leqslant D_i \\[2mm] \dfrac{1}{MS_k} & ,\ 其他 \end{cases} \qquad （3.13）$$

（3）遗传操作

初始种群通过随机方法获得，矩阵中每一个元素在[0，1]中随机产生，按照种群规模生成初始种群。接下来的每一次迭代过程需要完成三个子过程，分别为选择、交叉、变异三个遗传操作。

① 选择操作。

在进行选择操作前，首先计算种群中各个个体的适应度函数值并计算平均适应度函数值。为了抑制早熟现象，增强全局搜索能力，采用最优个体保护策略，即在某一次迭代过程中选择当前种群中适应度函数值最高的个体直接进入下一代。对于种群中剩余个体则采用轮盘赌的方式进行选择，各个个体选择的概率 P_i 根据式（3.14）求得，并以此求出各个个体的累计频率。最后产生一个 $[0，1]$ 的随机数 k，若 $Q(i) \leqslant k \leqslant Q(i+1)$，则第 $i+1$ 个个体就是要选择的个体。以轮盘赌进行选择的过程中，个体被选择进入下一代种群的概率与适应度函数值成正比。

$$P_i = \frac{f(i)}{\sum\limits_{j=1}^{N} f(j)} \qquad （3.14）$$

② 交叉操作。

基于矩阵编码，交叉操作时选择矩阵交叉的方式进行，交叉后的个体需要是一个可行解。交叉概率 P_c 依据式（3.15）求得。

$$P_c(i) = \begin{cases} \dfrac{k_1(f_{\max} - f(i))}{f_{\max} - f_{\text{avg}}}, & f(i) \geqslant f_{\text{avg}} \\ k_2, & f(i) \leqslant f_{\text{avg}} \end{cases} \qquad （3.15）$$

式中，$P_c(i)$ 表示种群中个体 i 的交叉概率；$f_{\max}$ 表示种群中最大的适应度函数值；f_{avg} 表示种群的所有个体适应度函数值的平均值；$f(i)$ 表示种群中个体 i 的适应度函数值；k_1,k_2 表示算法设定的交叉概率，是固定值。

从交叉概率可以看出，种群中适应度函数值高的个体的交叉概率低，其思想是尽可能保护适应度函数值高的个体进入下一代种群。

具体的交叉操作步骤如下。

步骤 1：通过交叉概率选择两个个体进行交叉操作，例如 A 和 B：

$$\begin{bmatrix} 1 & 0 & 1 & 0 \\ 0 & 1 & 1 & 0 \\ 1 & 0 & 0 & 1 \\ 0 & 1 & 0 & 1 \end{bmatrix} \qquad \begin{bmatrix} 1 & 1 & 0 & 0 \\ 0 & 0 & 1 & 0 \\ 1 & 0 & 0 & 1 \\ 0 & 0 & 1 & 1 \end{bmatrix}$$

$$A \qquad\qquad\qquad B$$

步骤 2：依据子批 i 和设备 j 的个数确定交叉矩阵的规模，本例中个体是一个 4×4 矩阵，那么交叉矩阵的规模将由 1×1 到 4×4 产生，这里以 2×2 矩阵说明。交叉矩阵规模确定后，将确定交叉矩阵的位置，最后根据确定的交叉位

置和规模进行交叉操作得到两个新的个体 A_1 和 B_1。

$$\begin{bmatrix} 1 & 0 & 1 & 0 \\ 0 & 1 & 1 & 0 \\ 1 & 0 & 0 & 1 \\ 0 & 1 & 0 & 1 \end{bmatrix} \Longleftrightarrow \begin{bmatrix} 1 & 1 & 0 & 0 \\ 0 & 0 & 1 & 0 \\ 1 & 0 & 0 & 1 \\ 0 & 0 & 1 & 1 \end{bmatrix}$$

$$\quad\quad\quad\quad A \quad\quad\quad\quad\quad\quad\quad\quad B$$

$$\begin{bmatrix} 1 & 0 & 1 & 0 \\ 0 & 0 & 1 & 0 \\ 1 & 0 & 0 & 1 \\ 0 & 1 & 0 & 1 \end{bmatrix} \quad\quad \begin{bmatrix} 1 & 1 & 0 & 0 \\ 0 & 1 & 1 & 0 \\ 1 & 0 & 0 & 1 \\ 0 & 0 & 1 & 1 \end{bmatrix}$$

$$\quad\quad\quad\quad A_1 \quad\quad\quad\quad\quad\quad\quad\quad B_1$$

③ 变异操作。

变异操作方法同交叉操作，首先确定变异的矩阵规模及其位置，变异后的个体仍要求为可行解。变异概率依据式（3.16）求得：

$$P(i) = \begin{cases} \dfrac{k_3(f_{\max} - f(i))}{f_{\max} - f_{\text{avg}}}, & f(i) \geqslant f_{\text{avg}} \\ k_4, & f(i) \leqslant f_{\text{avg}} \end{cases} \quad\quad (3.16)$$

式中，$P_{\text{m}}(i)$ 表示种群中个体 i 的变异概率；$f_{\max}$ 表示种群中最大的适应度函数值；f_{avg} 表示种群的所有个体适应度函数值的平均值；$f(i)$ 表示种群中个体 i 的适应度函数值；k_3, k_4 表示算法设定的交叉概率，是固定值。

从变异概率可以看出，种群中适应度函数值高的个体的变异概率低，其思想是尽可能保护适应度函数值高的个体进入下一代种群。

变异操作的具体步骤如下：

步骤 1：通过变异概率判断种群中的个体是否需要发生变异，例如个体 **C** 需要进行变异操作。

$$\begin{bmatrix} 1 & 0 & 1 & 0 \\ 0 & 1 & 1 & 0 \\ 1 & 0 & 0 & 1 \\ 0 & 1 & 0 & 1 \end{bmatrix}$$

$$C$$

步骤 2：依据子批 i 和设备 j 的个数确定变异矩阵的规模，本例中个体是一个 4×4 矩阵，那么变异矩阵的规模将由 1×1 到 4×4 产生，这里以 2×2 矩阵说明。变异矩阵规模确定后，将确定变异矩阵的位置，最后根据确定的变异位置和变异矩阵规模进行变异操作，即将变异区域内的[0，1]进行对换操作，得到新的个体 C_1。

$$\begin{bmatrix} 1 & 0 & 1 & 0 \\ 0 & 1 & 1 & 0 \\ 1 & 0 & 0 & 1 \\ 0 & 1 & 0 & 1 \end{bmatrix} \quad \Longrightarrow \quad \begin{bmatrix} 1 & 0 & 1 & 0 \\ 0 & 0 & 0 & 0 \\ 1 & 1 & 1 & 1 \\ 0 & 1 & 0 & 1 \end{bmatrix}$$

$$C \qquad\qquad\qquad C_1$$

（4）终止条件

常见的终止条件有以下三种：

① 最大遗传代数；

② 最大适应度函数值和种群平均适应度函数值变化不大，趋于稳定；

③ 相邻代之间种群的平均适应度函数值的差距小于可接受值。

在前期试验中发现，在寻优的过程中，在还没达到最优解的情况下，条件②和条件③就可能已经提前满足了。因此，选用最大遗传代数作为终止条件。

（5）自适应遗传算法求解步骤

图 3-12 是自适应遗传算法求解老化车间生产调度优化模型的流程图，其具体操作步骤如下：

步骤 1：初始化种群，本例中种群规模为 40；

步骤 2：计算初始化种群中各个个体的适应度函数值；

步骤 3：通过选择操作形成新一代种群；

步骤 4：对新一代种群执行交叉操作；

步骤 5：执行变异操作；

步骤 6：计算新一代种群的自适应函数值；

步骤 7：判断是否满足终止条件，若满足则输出结果，不满足则执行步骤 3。

（6）仿真验证与分析

算例：在一段时间内，老化车间接到 4 个订单，由老化车间的 3 台老化设备进行老化，老化设备 24 小时工作。订单明细表如表 3-3 所示。订单中各种产品的老化时间及所需老化板的容量数据如表 3-4 所示。每台老化设备的通道数如表 3-5 所示。基于产品分批模型和批次排序模型对上述 4 个订单进行处理，处理的结果如表 3-6 所示。假定，从 4 月 1 日 0：00 开始老化。采用传统的遗

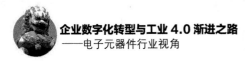

传算法和自适应遗传算法分别进行求解，设定的遗传操作参数如表 3-7 所示。

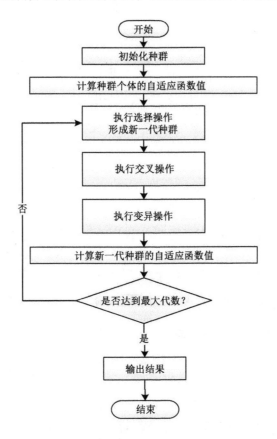

图 3-12　自适应遗传算法求解流程图

表 3-3　订单明细表

订单编号	产品 1 交货期	产品 2 交货期	产品 3 交货期	产品 4 交货期	产品 5 交货期	产品 6 交货期
1	100 4 月 12 日	100 4 月 12 日				
2	120 4 月 9 日					
3		200 4 月 19 日	300 4 月 19 日	250 4 月 20 日	350 4 月 25 日	
4			300 4 月 22 日	200 4 月 22 日		200 4 月 26 日

表 3-4　产品属性表

属性	产品 1	产品 2	产品 3	产品 4	产品 5	产品 6
老化时间/天	7	3	10	5	7	5
老化板容量/支	60	80	100	80	100	60

表 3-5　设备属性表

	设备 1	设备 2	设备 3
通道数	2	4	2

表 3-6　子批批次序列

子批	产品类型	数量	交货期
1	产品 1	220	4 月 9 日
2	产品 2	300	4 月 12 日
3	产品 3	600	4 月 19 日
4	产品 4	450	4 月 20 日
5	产品 5	350	4 月 25 日
6	产品 6	200	4 月 26 日

表 3-7　遗传操作参数

	种群数量	迭代次数	其他参数
传统遗传算法	40	500	$P_c=0.7$，$P_m=0.4$
自适应遗传算法	40	500	$k_1=0.5,k_2=0.7,k_3=0.3,k_4=0.6$

传统遗传算法收敛图如图 3-13 所示，自适应遗传算法收敛图如图 3-14 所示。从图中可以看出两种算法最终的收敛结果接近，最佳个体的适应度函数值都趋近于 4.167。但是相比于传统的遗传算法，自适应遗传算法收敛的速度较快，传统的遗传算法差不多在 800 代时收敛，且收敛时种群内的平均适应度函数值与最佳适应度函数值差距较大，即种群中个体的适应度差距大；而自适应遗传算法在大约 400 代时收敛，且收敛时种群的平均适应度函数值与最佳适应度函数值接近，即种群个体差异不大基本相同。此外，传统遗传算法在收敛前长时间

处于局部最优解，直到 700 代左右才出现更优的个体，而自适应遗传算法在收敛前出现几次阶梯状跳跃后得到最优解 4.167，由此可见自适应遗传算法更不易陷于局部最优解。

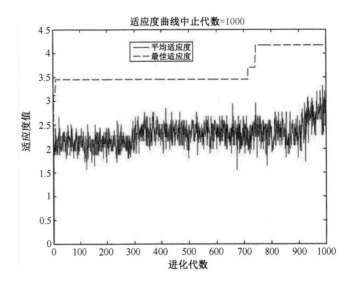

图 3-13　传统遗传算法收敛图

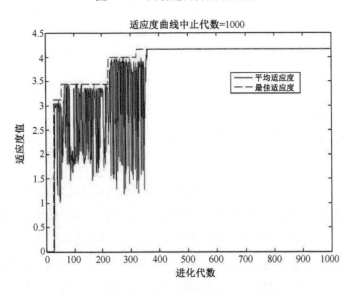

图 3-14　自适应遗传算法收敛图

从上述分析可以看出：采用自适应遗传算法比传统遗传算法可以更快速地

得到最优个体，且不易陷于局部最优解，该算法具有较好的收敛性和有效性。从而证明采用自适应遗传算法对老化车间生产调度优化模型进行求解是可行的，能够使得老化时间最短且让设备的利用率最高。自适应遗传算法得到的结果如下：

$$\begin{bmatrix} 1 & 0 & 1 \\ 0 & 1 & 0 \\ 0 & 1 & 0 \\ 1 & 1 & 0 \\ 1 & 0 & 1 \\ 0 & 1 & 0 \end{bmatrix}$$

矩阵的行表示 6 个子批，矩阵的列表示 3 台设备，将求得的结果用甘特图表示，如图 3-15 所示。

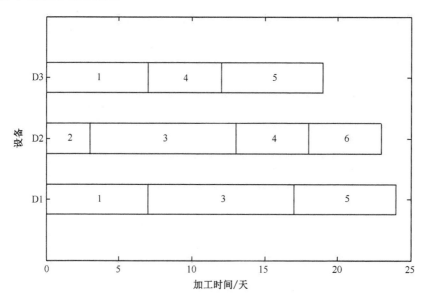

图 3-15　自适应遗传算法结果甘特图

设备 1 老化子批 1，3，5，共耗时 24 天；设备 2 老化子批 2，3，4，6，共耗时 23 天，设备 3 老化子批 1，4，5，共耗时 19 天。结果表明这 3 台设备老化这 4 个订单共需要 24 天，具体的生产计划如表 3-8 所示。

表 3-8　子批生产计划

子批	产品	设备	开始时间	完成时间	交货期
1	产品 1	设备 1 设备 3	4 月 1 日	4 月 8 日	4 月 9 日
2	产品 2	设备 2	4 月 1 日	4 月 4 日	4 月 12 日
3	产品 3	设备 1 设备 2	4 月 4 日	4 月 18 日	4 月 19 日
4	产品 4	设备 2 设备 3	4 月 8 日	4 月 19 日	4 月 20 日
5	产品 5	设备 1 设备 3	4 月 13 日	4 月 25 日	4 月 25 日
6	产品 6	设备 2	4 月 19 日	4 月 25 日	4 月 26 日

数字化转型之典型应用②——生产过程可视化系统

传统的电子元器件企业，由于企业生产的产品品种规格众多、以产品导向为主的生产组织方式使得传统生产过程管理相对落后。企业在订单评审、订单管理和生产计划管理方面，由于订单数量巨大、产品型号繁多，而企业的订单评审、管理不规范和缺乏有效的信息技术手段，使得企业无法及时确认订单状态。同时，由于当前生产进度的统计工作采用手工和纸质工作令卡的形式进行，使得企业无法及时准确地获取生产进度信息，具体工作令在实际生产现场的执行状态，所在工序等无法准确跟踪。生产计划与调度部门无法及时准确地统计出订单进度信息的原因主要表现为以下几个方面：

① 工作令卡数量巨大，而且统计和汇总计算的工作量大，且容易出错。

② 一个订单可能对应多个工作令卡，企业缺乏有效的工作令卡管理手段，使得订单与工作令卡的关联性差，纸质工作令卡一旦丢失、损坏，将很难查清楚此工作令卡属于哪个订单和计划。

③ 随着生产的进行，工作令卡随机分布于各个工序，统计人员无法及时准确了解各工作令卡位于哪一工序，造成统计人员无法根据生产需要及时统计相应工作令卡的生产进度信息。

因此，所有的车间现场生产进度信息全部都分散在各个车间各个工位的工作令卡上，而生产进度反馈又需要及时将这些分散在不同位置的生产数据及时汇总和统计，由此造成生产过程信息严重滞后于生产实际，对于企业管理者而言，生产现场处于高度的"黑箱"状态。

以北京 718 友晟电子的生产管理为背景，针对其工作令种类繁多、与订单关联性差、工作令信息管理不规范以及工作令跟踪困难等问题，在对工作令构成、分类和作用分析的基础上，建立了统一工作令模型，模型整合七条生产线不同规格型号产品的工作令，使得工作令信息规范化、层次化，便于实现工作令的统一管理。下面以七条生产线为例，验证统一工作令模型是否能够整合七条生产线信息，是否能够实现工作令信息的标准化管理。表 3-9 为七条生产线工作令信息对比。

表 3-9　七条生产线工作令信息对比

生产线	基本信息	制造过程信息	质量信息
RJ/RJ24	令号、制作人、制作时间、物料、阻值、阻值单位、工作令类型、计划数、实发数、备注、原材料温度系数、订单号	工序名称、投入数、产出数、操作人、不合格率、设备号、废品数	工序名称、参数项—参数值、设备号、操作人
RJK/RJK52	令号、制作人、制作时间、物料、阻值、阻值单位、工作令类型、计划数、实发数、备注、发料炉号	工序名称、投入数、产出数、操作人、不合格率、设备号、废品数	工序名称、参数项—参数值、设备号、操作人
RMK/RMK3216	令号、制作人、制作时间、物料、阻值、阻值单位、工作令类型、计划数、实发数、备注、订单号	工序名称、投入数、产出数、操作人、不合格率、设备号、废品数	工序名称、参数项—参数值、设备号、操作人
RJ711/RJ711	令号、镀膜令号制作人、制作时间、物料、阻值、阻值单位、工作令类型、计划数、实发数	工序名称、投入数、产出数、操作人、不合格率、设备号、废品数、废品原因	工序名称、参数项—参数值、设备号、操作人
RI/RIG2	令号、制作人、制作时间、物料、阻值、阻值单位、较大阻值、较大阻值单位、工作令类型、计划数、实发数、备注	工序名称、投入数、产出数、操作人、不合格率、设备号、废品数	工序名称、参数项—参数值、设备号、操作人
RN/RNII-6	令号、制作人、制作时间、物料、阻值、阻值单位、电容值、电容单位、计划完成时间、工作令类型、计划数、实发数、备注、订单号	工序名称、投入数、产出数、操作人、不合格率、设备号、废品数	工序名称、参数项—参数值、设备号、操作人
RX/RX72	令号、特殊要求、制作人、制作时间、物料、阻值、阻值单位、工作令类型、计划数、实发数	工序名称、投入数、产出数、操作人、不合格率、设备号、废品数	工序名称、参数项—参数值、设备号、操作人

在表 3-9 中，每条生产线抽取一个型号产品的工作令进行试验，按照本节提出的工作令模型，将工作令信息拆分为三个部分：基本信息、制造过程信息和质量信息。对于基本信息，不同型号工作令的基本信息大部分都是相同的，包括令号、制作人、制作时间、物料、阻值、阻值单位等，但是对于不同型号而言，也有一些内容是不同的，如 RJ24 工作令包含订单号、原材料温度系数，RJK52 包含发料炉号，RNII-6 包含电容值和电容单位、计划完成时间等，为了实现对工作令基本信息的统一管理，必须先对不同型号产品的工作令基本信息进行抽象，然后根据每个型号个性化的需求做一些调整。对于制造过程信息，每个型号产品信息基本上都是相同的，包括工序名称、投入数、产出数、操作人、不合格率、设备号，某些废品率比较高的产品还要求记录废品数、废品原因。对于质量信息，所有工作令都是相同的，包含工序名称、参数项—参数值、设备号、操作人，虽然每种产品由于工艺路线的不同而工艺参数不同，但是在实际工作令模型中，工艺参数都是以键值对的形式存储的，内容的变化不影响工作令的建模。

综上所述，工作令集成模型应该包含的信息如表 3-10 所示。基本信息中通过订单号实现与订单的关联，通过物料来区分不同的产品，对于某些型号产品特有的属性进行并列处理。制造过程信息也遵循相同信息合并，不同信息并列处理的原则，质量信息基本不用做任何处理。统一工作令模型的建立大大降低了企业生产过程控制的难度，提高了企业及时处理订单、响应订单的能力，使企业生产效率得到显著提高。

表 3-10 工作令集成模型信息列表

生产线	基本信息	制造过程信息	质量信息
统一工作令	令号、制作人、制作时间、物料、阻值、阻值单位、较大阻值、较大阻值单位、电容值、电容单位、工作令类型、计划数、实发数、备注、原材料温度系数、订单号、所属生产线、发料炉号、计划完成时间	工序名称、投入数、产出数、操作人、不合格率、设备号、废品数、废品原因	工序名称、参数项—参数值、设备号、操作人

功能分析

工作令作为电子元器件生产计划与控制系统的核心载体，实现工作令的信息化管理对加强电子元器件的生产过程管控，提高制造能力至关重要。为此，针对电子元器件生产计划与控制的核心问题，为实现生产进度的及时采集，按订单、工作令卡和生产批次实现产品跟踪、订单跟踪，及时、准确掌握生产进度信息，将生产现场以可视化的形式提供给生产管理部门，为其进行生产管理提供信息依据，并能够向客户提供具体详尽的生产动态，使得客户能够及时了解订制产品的具体生产进度信息，建立电子元器件生产过程可视化系统。具体可以通过以下两种方案支持生产过程可视化系统的数据采集。

方案 1：采用条形码技术采集生产进度信息

该方案的生产进度信息采集业务流程如图 3-16 所示。

① 市场部将接收的合同订单输入订单跟踪管理信息系统，生产管理部根据当前的生产进度和库存等信息在系统中完成订单评审。订单评审通过后，生产管理部根据汇总的订单，在系统中编辑生成工作令。

② 生产管理部将订单分解成工作令后，根据工作令号生成条形码，随工作令卡一起打印。这里的条形码与工作令卡是唯一对应关系，工作令卡号可以代表订单、产品类别和工序设备。系统自动完成工作令卡与订单、产品、工序设备信息的关联，扫描条形码即可获得此工作令信息及其对应的订单、产品和工序设备信息。

③ 各工序根据工作令卡的要求安排生产，并将每天的生产进度标注于工作令卡上。

④ 为每个工序或工作地配置一台计算机和一把条形码扫描器，此工序完成后，调度员登录订单跟踪管理信息系统，进入【生产进度信息采集】功能模块，扫描工作令卡上的条形码，系统自动获取该工作令代表的订单、产品信息和完成当前工序的设备信息（生成工作令时已关联），调度员将工作令卡上当前工序的生产进度信息输入软件系统，并确认此工作令卡是否转入下一道工序。软件系统根据实际需求自动统计输入的生产进度信息，以满足企业的个性化查询。

⑤ 生产进度信息采集完毕后，工作令卡随半成品进入下一工序。

⑥ 市场部便可以及时查询到各个订单的生产进度信息，以及时响应客户，生产管理部可以及时准确了解生产进度信息，为生产计划安排和生产状态实时监控提供信息依据。

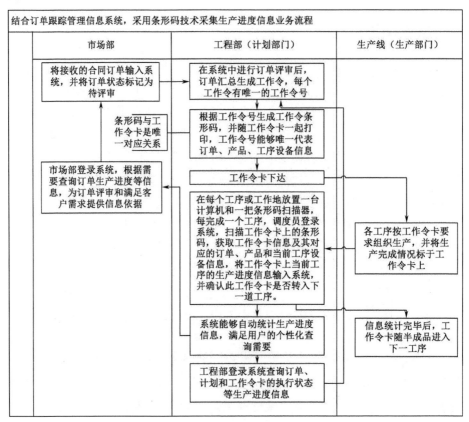

图 3-16　采用条形码技术采集生产进度信息

方案 2：采用条形码技术和手持数据终端采集生产进度信息

该方案的生产进度信息采集业务流程如图 3-17 所示。

① 对生产线上的各个工序及相应设备进行编码，在各工序设备上张贴代表当前工序、设备信息的条形码，使各工序设备与条形码唯一对应。

② 市场部将接收的合同订单输入订单跟踪管理信息系统，生产管理部根据当前的生产进度和库存等信息完成订单评审。订单评审通过后，生产管理部根据汇总的订单，制订生产计划，并将生产计划分解成工作令。

③ 生产管理部将生产计划分解成工作令后，根据订单信息和计划信息生成条形码，在每个工作令卡上张贴条形码，这里的条形码与工作令卡是唯一对应关系，现行的工作令卡号可以代表订单号和计划号，因此条形码号可以直接用工作令卡号表示。系统自动将工作令卡与订单、计划信息相关联，扫描条形码即可获得此工作令信息及其对应的订单和计划信息。

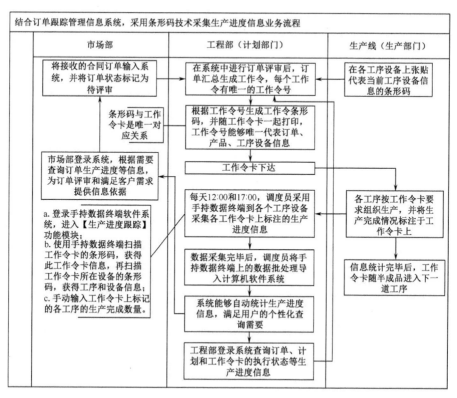

图 3-17　采用条形码技术和手持数据终端采集生产进度信息业务流程

④ 各工序根据工作令卡的要求安排生产，并将每天的生产进度标注于工作令卡上。

⑤ 该工序完成后，工作令卡随半成品进入下一道工序。

⑥ 在每天固定时间点（如 12:00 和 17:00），各条生产线的调度员采用手持数据终端到各个工序的工作地采集生产进度信息，具体步骤如下：

a. 登录手持数据终端软件系统，进入【生产进度跟踪】功能模块；

b. 使用手持数据终端扫描工作令卡的条形码，获得此工作令卡信息，再扫描工作令卡所在设备的条形码，获得工序和设备信息；

c. 手动输入工作令卡上标记的各工序的生产完成数量。

⑦ 数据采集完毕后，调度员将手持数据终端上的数据以批处理的形式导入计算机订单跟踪管理信息系统，软件系统根据实际需求自动统计输入的生产进度信息，以满足企业的个性化查询。

⑧ 市场部便可以及时查询到各个订单的生产进度信息，以及时响应客户，生产管理部可以及时准确了解生产进度信息，为计划安排和生产状态监控提供

信息依据。

功能架构

生产过程可视化系统是实现电子元器件订单进度跟踪和产品工序状态监控的信息平台，能够有效解决企业当前面临的订单进度无法及时准确跟踪和产品工序状态无法监控等关键问题。系统通过规范订单管理和计划制订流程，采用条形码技术及时准确采集生产进度信息，并进行统计，满足用户的个性化查询需求，使市场部和生产管理部及时获取生产进度信息，为其相应的决策和工作提供信息依据。

生产过程可视化系统架构如图 3-18 所示，首先对产品信息、工序设备信息、人员信息等基础信息进行有效管理，为订单信息、客户信息和工作令信息管理提供支撑信息。在此基础上，系统对订单信息、工作令信息进行规范化管理，并通过条形码将工作令与订单、产品和工序设备等信息关联起来，保证生产运行和生产进度统计顺利进行。调度员采用条形码扫描器扫描工作令卡上的条形码，采集生产进度信息，并确认工作令卡是否转入下一道工序。软件系统根据用户的个性化需求自动统计汇总生产进度信息，最终实现订单进度跟踪和产品工序状态监控。生产过程可视化系统功能结构如图 3-19 所示。

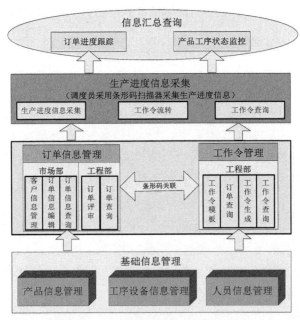

图 3-18　生产过程可视化系统架构图

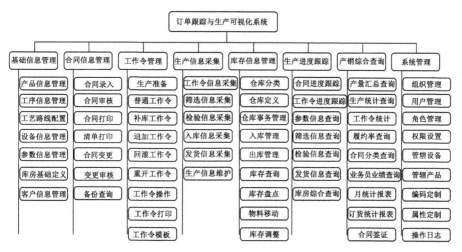

图 3-19　生产过程可视化系统功能结构

应用实例

（1）工作令管理

工作令管理的主要功能是根据合同评审后的订单进行生产计划排产后，生成生产指令的过程，实现对工作令的规范化管理。按照统一工作令模型，对各种型号产品及其加工工艺要求，结合工作令模板自动生成要执行的工作令，并采用条形码对其进行标记，建立工作令与订单、工序设备的对应关系，便于对生产过程信息采集和生产进度的跟踪、统计。具体包括生产准备、开工作令、工作令操作与打印等。

生产准备：根据合同评审后的订单要求和生产计划安排确定订单直接发货或进入生产，对进入生产流程的确定生产数量及完工时间、所需资源等。生产准备功能界面如图 3-20 所示。

开工作令：根据生产准备确定的产品型号及数量，确定生产的投入量，给出工作令投入数及各合同产品项的计划数，并更新工作令状态，如已开令、部分开令等。同时，根据生产管理的实际需求，工作令管理当中还包括了对生产过程中出现质量缺陷、紧急订单需求等而产生的追加工作令和补库工作令。开普通工作令界面如图 3-21 所示。

图 3-20　生产准备功能界面

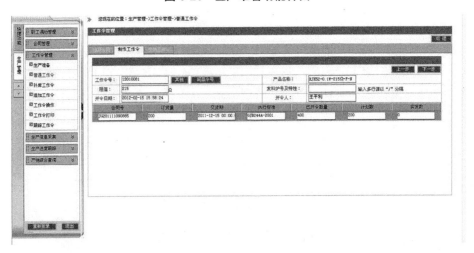

图 3-21　开普通工作令界面

工作令操作：对工作令的基本信息和工作令所关联的合同进行修改，如图 3-22 所示。一张工作令中的信息分为两部分：一部分是工作令基本信息，包括工作令号、产品名称、阻值、工作令类型、开令日期和开令人；另一部分是工作令所包含的合同信息，在下半部分显示。工作令操作可以对工作令基本信息和工作令所关联的合同进行修改。

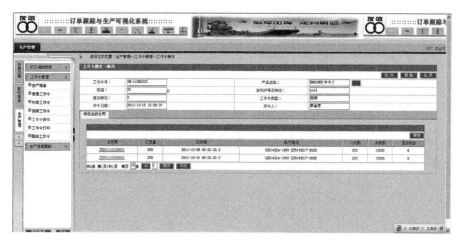

图 3-22 工作令操作界面

（2）工作令信息采集与进度跟踪

扫描工作令条形码，录入工作令状态、投入数、产出数、废品原因、原料批号及工艺参数等信息。通过工作令信息采集，实现对产品加工工序的状态跟踪，如图 3-23 所示。

图 3-23 工作令信息采集界面

工作令进度跟踪如图 3-24 所示，实现对合同／订单中的各项工作令的进度进行跟踪和查询。界面上半部分是查询条件，下半部分是所选合同的工作令状态明细。

图 3-24　工作令进度跟踪界面

核心观点　数字化转型实现生产过程可视化

- 从关注功能到关注过程，关注过程的本质是关注产品质量。

- 生产可视：通过数字化手段实现产品生产过程数据的透明化。

- 全过程的质量观：为客户提供全过程的产品工艺数据。

- 多生产线工作令集成建模，实现多品种生产过程的统一监控。

- 针对电子元器件瓶颈工序的调度优化，提高订单履约率。

第 4 章

过程监控——企业数字化转型提升

生产过程监控是生产过程可视化技术在企业生产运作管理中的延伸，它以数据可视为基础，综合运用数据分析、质量检测等手段，实现对产品生产过程各个关键工序环节的质量控制。因此，过程监控的核心是对产品生产过程的质量监控，是企业数字化转型提升、工业 4.0 渐进发展的重要标志。

企业数字化转型提升到工业 4.0 阶段时，生产系统中人与"机器"共同构成决策主体，并通过信息物理系统融合实施人机交互，实现人与机器的协同运行。生产过程的智能监控成为生产系统在"动态感知—实时分析—智能决策—精准执行"的系统工程活动中最为重要的技术手段之一。

1 数字化转型提升：智能生产系统

智能工厂和智能生产是工业 4.0 提出的以信息物理系统（Cyber-Physical Systems，CPS）为核心的两大主题。智能工厂主要涉及智能化生产系统及过程，以及网络化分布式生产设施的实现；智能生产主要涉及整个企业生产物流管理、人机互动，以及 3D 技术在工业生产过程中的应用。图 4-1 所示为企业数字化转型提升到工业 4.0 阶段的智能生产系统概念图。通过综合运用制造活动中的信息感知与分析、知识表达与学习、智能决策与执行技术，在制造产品过程中人与"机器"共同构成决策主体，在信息物理系统中实施交互，实现人与机器协同运行，并促使产品全生命周期各环节，设计、制造、使用包括运维服务等的业务模式发生质的改变，达到生产要素高度灵活配置、低成本生产高度个性化产品以及客户与合作伙伴广泛参与产品价值创造过程。智能生产系统是综合应用物联网技术、人工智能技术、信息技术、自动化技术、制造技术等实现企业生产过程智能化、经营管理数字化，突出制造过程精益管控、实时可视、集成优化，进而提升企业快速响应市场需求、精确控制产品质量、实现产品全生命周期管理与追溯的先进制造系统。

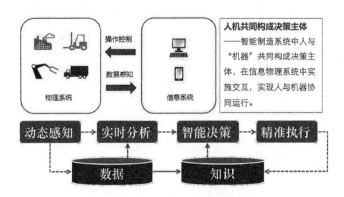

图 4-1　智能生产系统概念图

数字化车间和智能工厂是智能生产系统发展的两个重要阶段。数字化车间是企业生产制造体系的一部分，主要包括车间运行管控系统以及数字化智能装备、数字化生产线等组成部分。智能工厂是在数字化车间基础上，通过企业产品研发设计的数字化、智能化，经营管理数字化、智能化，以及供应链的协调、优化，实现广义制造系统整体的集成、优化与智能化。

数字化车间是指以制造资源（Resource）、生产运作（Operation）和产品（Product）为核心，将数字化的产品设计数据，在现有实际制造系统的数字化现实环境中，对生产过程进行计算机仿真、优化控制的新型制造方式。相对于以人工、半自动化机械加工为主，以纸质为信息传递载体为主要特征的传统生产车间，数字化车间融合了先进的自动化技术、信息技术、先进加工技术及管理技术，是在高性能计算机、工业互联网的支持下，采用计算机仿真与数字化现实技术，实现从产品概念的形成、设计到制造全过程的三维可视及交互的环境，以群组协同工作的方式，在计算机上实现产品设计制造的本质过程，具体包括产品的设计、性能分析、工艺规划、加工制造、质量检验、生产过程管理与控制等，并通过计算机数字化模型来模拟和预测产品功能、性能及可加工性等各方面可能存在的问题。

从数字化车间的构成来看，既包含构成生产单元／生产线的自动化、数字化、智能化加工单元及生产装备等，又包括辅助产品数字化设计、制造及车间运行管控的软件系统。数字化车间的系统构成如图 4-2 所示，主要包括运作管理层、生产控制层、网络通信层、系统控制层以及生产执行层。

图 4-2 数字化车间的系统构成

（1）运作管理层

运作管理层的核心是依托企业资源计划（Enterprise Resources Planning，ERP）系统实现对工厂/车间的运作管理，包括主生产计划的制订，物料清单（Bill of Materials，BOM）及物料需求计划的分解、生产物料的库存管理等。

（2）生产控制层

生产控制层主要是借助以 MES（Manufacturing Executive System）为核心的制造系统软件实现对生产全过程的管理控制，包括生产任务的安排、工单的下发、现场作业监控、生产过程数据采集以及对数字化车间的系统仿真等。其中的数字化车间系统仿真包括以下四个方面。

① 数字化车间层仿真：对车间的设备布局和辅助设备及管网系统进行布局分析，对设备的占地面积和空间进行核准，为车间设计人员提供辅助分析工具。

② 数字化生产线层仿真：主要关注所设计的生产线能否达到设计的物流

节拍和生产率，制造成本是否满足要求。帮助工业工程师分析生产线布局的合理性、物流瓶颈和设备的使用效率等问题，同时也可对制造的成本进行分析。

③ 数字化加工单元层仿真：主要提出对设备之间和设备内部的运动干涉问题，并可协助设备工艺规划员生成设备加工指令，再现真实的制造过程。

④ 数字化加工操作层仿真：在加工单元层仿真的基础上，对加工的过程进行干涉等分析，进一步对可操作人员的人机工程方面进行分析。

通过这四层的仿真模拟，达到对数字化车间制造系统的设计优化、系统的性能分析和能力平衡以及工艺过程的优化和校验。

（3）网络通信层

网络通信层主要是为数字化车间的信息、数据以及知识传递提供可靠的网络通信环境，一般以工业以太网为基础实现底层（生产执行层）之间的设备互联，以工业互联网实现运作管理层、生产控制层以及系统控制层、生产执行层之间的互联互通。

（4）系统控制层

系统控制层主要包括 PLC、单片机、嵌入式系统等实现对生产执行层的加工单元、机器人及自动化生产线的控制，是构成数字化车间自动化控制系统的重要组成部分。

（5）生产执行层

生产执行层是构成数字化车间制造系统的核心，主要包括各种驱动装置、传感器、智能加工单元、工业机器人及智能制造装备等生产执行机构，如工业机器人、自动导引车、自动化装配线等，如图 4-3 所示。

借助工业机器人实现的数字化车间是真正意义上将机器人、智能设备和信息技术三者在制造业的完美融合，涵盖了工厂制造的生产、质量、物流等环节，是智能制造的典型代表，主要解决工厂、车间和生产线以及产品的设计到制造实现的转化过程。

数字化车间改变了传统的规划设计理念，将设计规划从经验和手工方式，转化为计算机辅助数字仿真与优化的精确可靠的规划设计，在管理层由 ERP 系统实现企业层面针对生产计划、库存控制、质量管理、生产绩效等提供业务分析报告；在控制层通过 MES 实现对生产状态的实时掌控，快速处理制造过程中物料短缺、设备故障、人员缺勤等各种生产现场管控问题；在执行层面由工业机器人、移动机器人和其他智能制造装备系统完成自动化生产流程。

工业机器人　　　　　　智能加工中心　　　　　　智能输送装备

3D可视化监控系统　　　　自动化装配线　　　　　　自动导引车

图4-3　生产执行层的系统构成示例

2　电子元器件生产过程监控难点

电子元器件行业处于各种机电装备产品供应链的底端，特别是对军用装备产品，由于其专一性高，单个规格型号需求量少，所以与军品相关的电子元器件企业是典型的多品种小批量生产模式，在目前的生产过程中，质量保证方法基本上停留在事后检验的水平，这种方式只能在一定程度上发现废品，很难预防废品的产生，而且在半成品、成品的检验过程中仍然继续产生新的废品，这在很大程度上增加了企业产品的制造成本。当前，电子元器件企业在数字化转型过程中进行生产过程监控的主要难点如下。

① 电子元器件行业属于典型的多品种小批量生产，产品过程监控与质量管理难度大。特别是军用装备等型号产品所需的电子元器件单个产品精度要求极高，并且同一批次的产品数量相对较少。此外，电子元器件产品的规格由较多参数决定，每个参数都存在一定的变动范围，这就导致了电子元器件产品的种类相对较多。以某生产电阻的企业为例，电阻的具体种类由阻值、功率、温度系数、封装形式等参数决定，每一大类的产品下面存在着众多的小类，要对这些产品做好过程监控与质量管理，存在着较大的难度。所以有必要采取某种手段，将产品以大类为基础进行过程监控及质量管理控制。

② 产品生产工艺过程相对稳定，但是工序参数较多，质量稳定性、一致性不高。在电子元器件生产过程当中，工艺流程相对比较复杂，每道工序都存

在着较多的工艺参数，任何因素的变化都会对最终加工产品的质量产生不可预知的影响。因此，迫切需要加强电子元器件行业的质量控制手段和技术，及时有效地发现工序过程中存在的各种异常因素，并对工序过程进行分析，识别关键工序，以便采取相应技术对其进行实时控制。

③ 过程质量检验自动化程度低，主要依赖工人检验，劳动强度大。对于电子元器件行业，其生产线产能较大，但是由于产品质量要求极高，所以很多批次的产品要求全部检验，并要详细记录每个产品的质量特性状况，这给检验部门造成了很大的压力，也成为企业生产的瓶颈。经常存在这样的状况，虽然生产已经完成，但是检验工作却大量积压，无法及时交货，给客户包括企业自身都造成了很大的损失。所以有必要建立及时有效的实时数据采集系统，减轻检验人员的工作负担。

④ 检验部门的检验数据量大，但是数据利用率低。较高的产品质量要求造成了大量的检验数据，但是这些检验数据缺乏流通，质量分析部门很难利用这些数据对影响质量的因素进行有效分析。此外，许多航天产品都要求配套大量的质量检验报告，但是目前众多电子元器件企业的产品质量检验部门主要依赖于 Excel 进行汇总分析，劳动强度大，效率也比较低，严重影响了整个生产进度，所以采取合理有效的质量数据共享和应用也显得尤为重要。

综上，电子元器件行业的生产过程监控与质量管理方面目前还存在着较多需要解决的问题，迫切需要运用数字化技术进行质量数据采集、分析，利用采集到的数据对产品进行质量管理及控制，提高电子元器件企业生产过程监控与质量管控能力。

3 质量检验——过程监控的重要手段

电子元器件是军用装备产品的重要组成部分，其性能的好坏将会对军用装备产品的寿命和性能产生重大的影响，因此对于电子器件生产过程中各个环节的质量要求都相当严格，从原材料到货检验到制造过程中各个工序检验以及最后成品的检验，每个过程都有严格的执行标准和检验标准。除此之外，产品在发货时需要将各个过程的检验数据以检验报告的形式提交给客户，便于在发生质量问题时进行追溯。产品的质量是由过程质量决定的，对于产品质量的控制要求我们从过程对质量问题进行把控，具体来说，就是以原材料、半成品及最终产品的检验流程为基础，对过程中的质量进行分析和控制，使各个过程的质量特性都满足预期的要求。

原材料质量检验

原材料是企业组织产品生产的前提，电子元器件类产品对原材料的要求尤为严格，原材料的性能对电子元器件的产品质量具有决定性的影响。因此，加强原材料的质量检验，对保障电子元器件的产品质量稳定性、可靠性十分重要。

电子元器件所用原材料的检验分为工艺性试验和非工艺性试验两种，工艺试验是对原材料的外观、尺寸等基本信息的检验，由原材料检验部门负责，而工艺性试验需要在生产线现场进行试验。原材料的检验参考企业的相关检验标准，以 RJ 型产品的原材料铁帽为例，参考其进厂检验规范，所需的检验项目为外观和尺寸，外观方面要求镀层完整、表面光泽，不允许有发黑、有铁锈等，尺寸方面的检验要求如表 4-1 所示。

表 4-1　铁帽尺寸检验标准

代号	尺　寸/mm			
	d	h	T^{a}	R^{b}
RV8.634.153	1.27±0.01	0.90±0.03	0.15±0.01	0.15
RV8.634.117	1.64 +0.03 −0.02	1.48 0 −0.10	0.20	0.20
RV8.634.152	2.43±0.02	1.90±0.05	0.25	0.30
RV8.634.159	2.93±0.02	2.0±0.05	0.25±0.01	0.25
RV8.634.160	4.42±0.02	2.80±0.05	0.25±0.01	0.30
RV8.634.161	6.91±0.02	3.50±0.05	0.25±0.01	0.45

注：a：厚度由制造厂原材料保证，不做检验要求；b：R 为工具尺寸，不做检验要求。

不同的铁帽型号对质量有不同的要求，标准的铁帽尺寸示意图如图 4-4 所示。

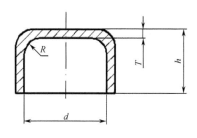

图 4-4　标准的铁帽尺寸示意图

试验完成之后，由质检人员填写检验报告，并参照相关标准判断原材料是否合格，合格则开具合格通知单并进行入库操作，否则开具不合格通知单，进行原材料退货，具体检验流程如图 4-5 所示。

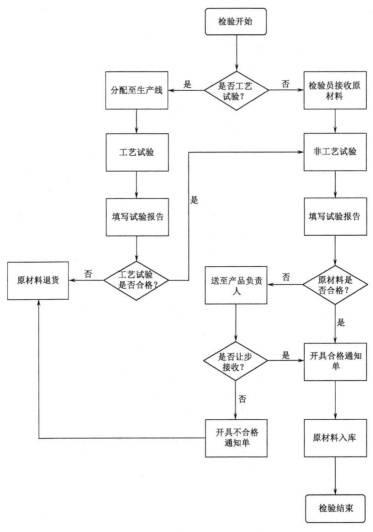

图 4-5　原材料质量检验流程

　　此外，为防止原材料由于长期积压可能产生质量问题（如超过材料的保质期或者在积压过程中出现人为损坏等）而影响最终电子元器件的质量，在原材料的检验流程中存在着复检机制，复检同正常检验一样，由原材料检验相关人员执行，如果质量合格则正常使用，对不合格品进行处理或者退货。

制造过程质量检验

　　在产品制造过程中影响产品质量的因素众多，涉及人员、物料、设备、环境等，任何因素的异常都会对产品的质量造成重大影响，由于原材料的质量基本上是相对固定的，所以对质量的控制主要是对制造过程的工序控制。

　　当产品到达某道工序时，首先要对该道工序的相关信息进行采集，包括加工设备、人员信息、投入数、工艺参数信息等，然后开始进行正常的生产活动，在生产结束之后需要对产品进行检验，根据产品的要求不同，可能分为全检和抽检，检验合格的产品进入下一道工序，如果不合格的产品则进行不合格品处理（降级、报废或者返工返修），最后将相关的质量检验信息和产出数等记录在工作令上，并进行下道工序的流转，最终完成产品的加工过程。制造过程质量检验流程如图 4-6 所示。

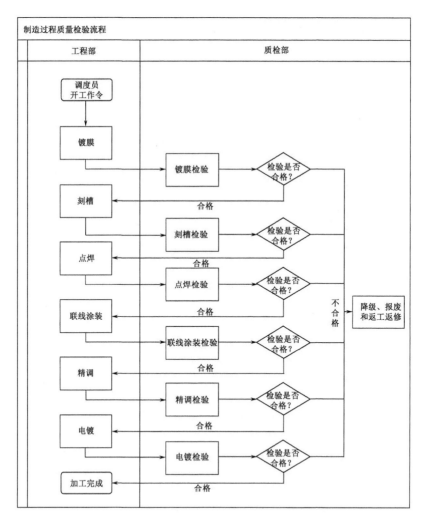

图 4-6　制造过程质量检验流程图

以 RJ 产品的刻槽检验工序为例，当完成本工序的加工后，要对产品进行抽样检验，依据产品批次数量的不同抽样数也不同，具体抽样方案如表 4-2 所示。

表 4-2　抽样方案

检验项目		阻值偏差									槽质量		
		±0.01%，±0.25%			±0.5%，±1%			±2%，±5%，±10%					
	抽样范围（只）	抽样数	Ac	Re	抽样数	Ac	Re	抽样数	Ac	Re	抽样数	Ac	Re
抽样方案	≤150	3	0	1	5	0	1	5	0	1	5	0	1
	151～500	13	1	2									
	501～3200				20	1	2						
	3201～35000	20	2	3									
	35001～500000	32	3	4	32	2	3						

注：Ac 是 Accept 的缩写，表示合格判定数；Re 是 Reject 的缩写，表示不合格判定数。

首先根据批次数量及阻值精度的不同选择合理的抽样数量，然后由工序检验人员在显微镜下对电阻的阻值进行外观尺寸的检验，要求刻槽之后的电阻不得出现掉膜及宽窄不均等缺陷，并要求对槽宽大小进行测量，判断是否满足要求，最后出具相关检验报告，完成本工序的检验，产品随之流转到下一工序进行生产。

成品质量检验

当产品加工完成之后，为了严格控制其成品的质量，需要进行最后成品的检验。成品的检验主要分为以下两种：AB 组检验和筛选。A 组检验每组产品都需要做，根据相关检验要求进行全检或者抽检，B 组检验则是分不同的周期进行抽样检验。检验完成之后要根据各个生产线的相关情况出具相应的检验报告。筛选是对产品进一步的检验，最终出具相关报告，保证产品的最终质量。根据产品类型的不同，有些产品还需要后续的特殊检验及二次筛选，具体流程如图 4-7 所示。

检验后的合格品入库，不合格品则根据相关质量情况判断进行降级、报废或者是返工返修。合同的产品全部生产完成之后，检验出具相关的检验报告，有特殊检验要求的产品还要进行第三方协助检验，并配套相应的检验报告。

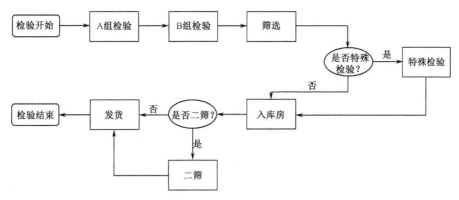

图 4-7　成品质量检验流程

4　基于关键工序的过程监控

　　电子元器件企业制造过程的特点是生产过程复杂多变，生产具有不连续性和不可预测性，企业的管理人员若不能及时发现问题并排除，将导致订单不能按期交付。由此可见，制造过程对于订单按时交付将起到关键作用。电子元器件企业是按照工序进行生产组织的，实现制造过程跟踪的最好方式就是对制造过程中的工序进行监控，并记录工序的相关信息和状态，从而实现订单在制造过程中的实时监控。

　　工序是产品生产过程的基本环节，指一个/组工人在一个工作地（如一台机床）对一个/多个加工对象连续完成的各项加工活动的总和，是组成生产过程的最小单元。产品质量的形成是多个工序共同作用的结果。一般按照工序对产品质量的影响程度不同，可以将工序划分为两种类型：一般工序和关键工序。关键工序相对于一般工序，对产品质量、性能、功能、寿命、可靠性及成本等有直接影响，是对产品重要质量特性形成起决定性作用的工序。

　　因此，实现制造过程的监控关键就是要实现工序级别的监控。电子元器件企业拥有详细的工艺文件，记录各产品类型的工艺信息。这些工艺文件落实到工程部进入制造环节通常是以工作令（或随工单）的形式表示工艺路线。因此工序级别的监控就是依靠工作令（或随工单）进行工序进度监控。这种监控的粒度较细，属于精细化管理，在工序层级上监控产品的加工进度，可以为制造过程决策和订单整体进度监控提供更为精细的数据，从而提高订单按时交付的能力。此外，这种针对工序层次的监控还可以采集工序加工过程中的质量信

息，为产品质量性能分析提供基础数据。

但是，如果对制造过程中的每道工序都进行监控会造成大量的资源浪费，提高生产成本。在电子元器件企业所生产的产品，其工艺路线往往都有很多重复工序及耗时较短的工序，事实上对这些工序进行数据采集的意义并不大，因为它们对制造过程进度的影响较小。所以，依据生产实际经验，只需要对制造过程中的关键工序进行状态信息和质量数据信息进行采集即可。关键工序是指影响最终产品产出效率工序以及关键质量控制工序，这些工序需要在制造过程中重点关注。如果关键工序出现质量问题，不仅会导致整批产品报废，而且会使得订单拖延，难以保证订单及时履约，从而可能造成客户满意度降低等后果。因此，关键工序的监控是实现制造过程监控的重要途径。

由上述分析可知，制造过程中的工作令（随工单）对于建立制造过程模型具有重要的参考意义。工作令通常由三部分构成：基础信息、制造过程信息和质量信息。基础信息包括工作令号、型号、功率、阻值、精度、温度特性、计划数、实发数、交货期等信息。这些信息一部分在调度员开令时直接从订单中获取，还有一部分由调度员根据订货量和交货期录入。制造过程信息是指工作令流转到每道工序时需要记录的加工信息，包括工序名称、设备号、投入数、产出数、废品数、废品原因、操作人和操作时间等。这些信息需要生产线操作工人人工录入，反映加工情况。质量信息是指工作令流转到每道工序时记录的与该道工序加工相关的工艺参数信息，这些信息均需要生产线操作工人依据实际信息进行录入，工艺参数信息随着工序的变化而变化，这些质量信息将用于产品的质量控制。以 RJ 型号产品为例，结合相关工艺流程分析，在生产过程中对质量有重大影响的工序包括刻槽、点焊以及精调等。

刻槽工序控制

刻槽是 RJ 型电阻制造过程的第一道工序，在很大程度上决定了电阻的初始阻值范围大小。对刻槽工序的质量主要从以下几个方面进行控制。

① 原材料的控制，原材料的质量对于刻槽工序后半成品质量具有重大影响，对于 RJ 型电阻来说，就是要控制好黑棒的质量，使得黑棒的初始阻值满足工序的需要，黑棒上铁帽的外观及尺寸标准也要严格控制，在物料移动过程中注意环境因素的影响，避免高温和机械碰撞。

② 槽宽的控制，槽宽的大小决定着刻槽之后的半成品阻值的分布范围，也是废品率高的主要工序之一，对于槽宽的控制应严格参考行业的标准，在刻

槽完成后要立即对槽宽进行检验，判断尺寸的分布范围，并合理调整相关参数。

③ 设备的控制，对刻槽机要进行周期性检查，防止由于设备故障对槽宽造成的影响，在设备运行过程中，要实时关注设备的各项参数变化，发现异常立刻停机检查。

④ 操作人员的控制，对于操作人员要严格培训，提升操作人员的质量意识，防止由于操作人员的疏忽大意对产品质量造成影响。

⑤ 工序检验控制，在进行刻槽工序之后要对产品质量特性数据进行统计分析，利用质量数据的分布状况，识别质量特性值发展趋势，及时发现生产过程中隐藏的质量问题。

点焊工序控制

点焊的作用是在电阻两端焊接引线，便于电阻的后续运输及阻值测试，点焊电压的大小会对最后的焊点外观产生影响，焊接过程中产生的温度也会在一定程度上改变电阻的固有阻值，因此要对点焊工序进行严格控制，主要从以下几个方面进行。

① 引线质量的控制，用于生产的引线要符合原材料检验规范，同一批次的引线长度变化范围应满足一定的要求，保证经过点焊之后长度的一致性。

② 焊接电压的控制，焊接电压要保持稳定，防止由于电压的高低变化而对焊点大小产生影响，造成最终外观质量缺陷。

③ 首件检验质量控制，在点焊工序首件产品的检验目的是确定在当前电压下的焊点质量情况。首件产品的质量决定着是否需要调整电压的大小，所以在进行首件检验时要严格执行相关标准，在检验完毕后根据焊点质量情况对电压大小进行调整，使后续的焊点质量可以满足预期的范围。

④ 工序检验的控制，在进行点焊工序后要对半成品的外观、拉力、焊点强度、引线长度进行抽样检验，记录不合格品数，对于阻值偏差要进行详细记录，确定其分布情况，为后续的质量数据分析及统计过程控制提供数据基础。

精调工序控制

精调工序的目的是使最终的产品阻值满足精度要求，精调工序的质量决定着产品最终的阻值分布范围，也是在制造过程中对阻值具有重大影响的最后一道工序，精调工序结束之后，单个产品的阻值基本上固定下来，后续的一般工

序对阻值影响很小，因此要对精调工序的相关参数进行控制。

① 精调设备的控制，对于精调设备要根据产品的相关标准设置好相关的参数，要对首件产品进行检验，确定设备对于阻值的影响大小，并在精调过程中通过测试确定阻值的变化范围，进而对设备相关参数进行调整。

② 精调后阻值的控制，对于精调后的产品，要进行抽样检验，判断其外观是否满足要求，并记录不合格品数，对于产品的阻值分布要详细记录，通过过程分析，判断工序是否处于正常状态。

5　生产过程监控信息建模

过程监控信息构成

在企业的数字化转型过程中，生产过程监控的核心是对产品质量信息的监测、采集与分析。质量信息的获取和分析是企业进行质量控制的基础，包含了企业产、销、供、人、财、物等各个环节工作质量的基本数据、原始记录以及产品使用过程中反映出来的各种反馈信息，是开展质量活动的重要资源。由于在检验业务流程中所涉及的质量信息对于产品的质量控制具有重要作用，根据电子元器件过程监控的主要手段，即质量检验所包含的主要生产监控环节分析过程监控的信息载体及主要的信息明细如表 4-3 所示。

表 4-3　生产过程监控信息载体及主要的信息明细

信息载体	过程监控信息明细
原材料到货通知单	物料批号、到货数量、物料价格、物料的有效期
原材料检验标准	检验标准号、检验项目、检验要求
原材料检验单	检验单号、物料编码、物料名称、检验设备、抽样方法、抽样数、质量等级及详细的检验结果
工作令卡	工作令号、物料编码、阻值、生产日期、投入数
加工设备	设备编号、设备名称、设备参数、设备利用率
工序明细单	工序名称、工艺参数、操作人、投入数、产出数
工序检验标准	检验标准号、检验项目、检验要求
工序检验单	检验单号、工序名称、物料编码、检验设备、抽样方法、抽样数、质量等级及详细的检验结构
成品检验标准	检验类型、检验标准代号、检验项目、检验要求
成品检验单	工作令号、合同号、检验类型、检验数量、抽样方法、抽样数

产品的形成过程往往也是产品质量的形成过程，所以影响产品质量的因素也贯穿于产品的整个生产生命周期之内。这些影响因素在相关的检验数据中得以体现，并通过检验结果进行反馈控制，使得这些影响因素得到有效的消除，进一步提升产品的质量。对于检验过程来说，最为重要的质量信息是检验的相关标准及最终的检验结果组织形式，即过程监控信息载体的结构，包括检验标准结构和检验数据结构。

（1）检验标准结构

检验标准是指检验机构从事检验工作在实体和程序方面所遵循的尺度和准则，是评定检验对象是否符合规定要求的准则。要对产品进行质量控制，首先就要对检验标准进行结构分析，以原材料"不燃性耐高温快干漆"为例，其进厂检验标准如表 4-4 所示。

表 4-4　不燃性耐高温快干漆进厂检验标准

检验项目	检验条件	性能要求
细度	按 GB 1724—79《涂料细度测定法》有关规定进行	≤100μm
固体含量	焙烘温度：140℃±2℃ 焙烘时间：60min±2min 方法：参照 GB 1725—79《涂料固体含量测定法》进行	≥70%
干燥时间	干燥温度：170℃±5℃ 方法：参考 GB 1728—79《漆膜、腻子膜干燥时间测定法》进行	≤10min

在原材料、制造过程半成品以及成品的检验过程中，检验标准由若干个定义好的检验项目配置而成，而每个检验项目又由若干个检验条件构成，检验条件由一系列检验参数构成，例如表 4-4 中的"焙烘时间"和"干燥温度"等。与此同时，定义一个具体的检验标准需要检验批、抽检方案和检验周期等相关定义。一般来说在电子元器件行业，检验标准通过五个方面来实现：检验批定义、抽样方案定义、检验周期定义、参数项定义及检验项定义。通过对检验标准的细分，构建电子元器件行业质量检验标准结构模型，具体结构模型如图 4-8 所示。

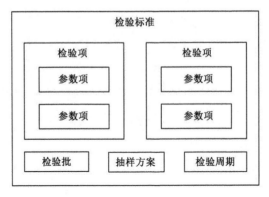

图 4-8　检验标准结构模型

模型中各个名称的具体含义如下。

① 参数项，也即对标准中各个检验项目的检验条件进行细分，分解出不同的参数进行定义，用户可以定义一系列的参数，例如电阻值、瓷棒颜色、阻值精度等，每个参数在定义的过程当中需要配置相关的单位名称。

② 检验项，针对不同的标准，需要将其划分为一个个的检验项目，便于操作和记录，也即配置检验项。在配置检验项目的时候需要为检验项分配合理的检验参数，例如当定义一个名为"外观"的检验项时，将其参数项配置为瓷棒颜色等。

③ 检验批，检验批是为了确定本类检验的产品来源，通过时间、规格型号以及相关特性等进行批次的选择和划分。例如在成品的 B 组检验的检验批构成为一个月内成品 A 组检验合格的相同型号相同电阻的所有批次产品。

④ 抽样方案，抽样方案是为了确定在检验过程当中是全部检验还是抽样检验，不同的检验标准往往根据产品的规格及阻值大小对检验方案进行限定。

⑤ 检验周期，也即检验的执行周期，一般来说工序检验的周期最短，原材料的检验周期较长。

⑥ 检验标准，各个具体的内容结合，共同构成了检验标准。

通过对原材料检验标准、工序检验标准及成品各项检验标准的细分和建模，可以将标准中的参数项、检验项、检验批、抽样方案标准及检验周期分别管理，通过配置构成最终的检验标准，以实现各个具体项目的复用，具体的配置过程如图 4-9 所示。

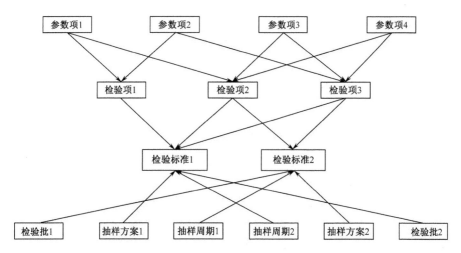

图 4-9 检验标准配置图

根据图 4-9 可知，参数项 1、参数项 2 构成检验项 1 的参数，检验项 2、检验项 3 可以同时作为检验标准 1、检验标准 2 的配置项。目前在电子元器件的检验过程中，根据不同的检验类型，质检人员要查阅不同的检验标准，然后参照有关项目进行检验，在调阅检验文档时要浪费大量时间。通过检验标准的分解，可以实现检验参数及检验项目的复用，针对不同的检验类型可以灵活配置检验标准，并通过信息系统的自动查阅检验标准，极大地提升检验人员的工作效率。

（2）检验数据结构

在确定好检验的基础性配置工作之后，要对产品的质量数据本身进行分析，对于电子元器件行业，通过对大量质量报表的总结和分析，其质量数据的类型主要有以下几种。

a. 单记录型。

单记录型的含义是检验结果主要由一系列文字构成，无法用具体的数据量化，例如在某些产品的外观检验时，检验结果主要由"合格"或者"不合格"构成；而在进行槽质量的检验时，检验结果主要由"良好"、"一般"或"较差"构成。这些质量检验结果往往无法给出具体的量化值。除此之外，有些批次由于质量数据较多，无法对所有的检验结果进行记录，这类检验结果一般通过记录质量特性范围实现，例如记录特定批次的"阻值范围"等。

b. 单数字型。

单数字型的含义是检验结果由单个数值构成，这种类型的检验结果在产品的加工过程大量出现，约占 60%以上，例如记录产品的温度、阻值、合格数、废品率、电压等。在后续的产品质量控制及分析时这些结果往往作为先决条件，所以在记录时一般要求有较高的数值精度。

c. 多数字型。

多数字型指的是检验结果由一系列的检验值构成，几个特性值结合在一起作为一条检验记录。例如在电阻值的检验过程中，往往在固定的时间间隔内对产品进行抽样，每个时间段抽取相同的产品，然后测量其阻值作为最后的检验结果。这种类型的数据记录周期往往过长，是质检人员工作的主要来源，也是后续质量分析的重点，典型的多数字型记录表如表 4-5 所示。

表 4-5　多数字型记录表

序号	时间	X_1	X_2	X_3	X_4	X_5	$\bar{X}$	R

过程监控信息采集

由于大部分企业的自动化水平并不高，所以人工采集是目前大部分企业广泛采用的测量方式，检验人员在工作时，需要手工操作量规或计量仪，"目测"量规的"止/通"状态或计量仪（千分尺、游标卡尺、千分表等）的读数，然后将读数记录在纸质文档表格中，或者是利用键盘等输入设备将数据输入计算机中进行处理。这种数据采集方式操作简单、经济，但是花费时间较长，检测精度普遍不高（由于读数误差），在数据记录或者录入时也容易产生错误和数据遗漏，严重影响了质量数据的准确性和完整性。这种采集方式只能在一定程度上记录产品的相关质量数据，无法对产品进行实时监控，也不利于质量数据的统计过程控制，所以，随着企业质量管理要求的不断提高，这种传统低效的数据采集方式将逐步被先进的技术所取代。

自动识别技术是通过一定的技术手段使得相关数据自动输入计算机等设备中，它是以计算机及通信技术为基础的综合性科学技术。自动识别技术在近些年来发展迅速，包括无线射频识别（RFID）、条形码技术、二维码技术、光学符号识别技术以及视觉识别等多种先进的技术，它将计算机、机电、光电以及通信技术有机地连接起来，形成一种快速准确的识别系统。目前，条形码技术已经应用于产品全生命周期的质量管理之中，它们提供了快速、实时、准确的数据采集技术，解决了计算机数据录入速度慢、易出错等方面的难题，有效地提高了数据采集的效率，给企业带来了巨大的经济效益。在生产现场进行数据采集时需要频繁的输入操作人员的代码、机器设备编号、工序号、零件号等编号信息，传统采集时主要依赖于人力，烦琐而且容易出错，条形码技术由于其低廉的成本和简单的操作得到了广泛的应用，实现了现场质量管理的自动化、规范化和标准化，极大地提高了企业现场的质量管理效率。RFID 是利用射频信号通过空间耦合实现对非接触自动识别、采集、处理目标对象相关数据的一种先进的自动识别技术。RFID 技术具有很多优点，例如：不用直接接触、数据采集距离长、环境适应性强、安全可靠以及灵活方便等优点。其一般由四部分组成：电子标签、阅读器、发射天线以及计算机系统。电子标签主要包括耦合原件和存储芯片，保存着识别物体的编码数据及其他相关信息，是识别物体信息的载体。阅读器对电子标签中的信息进行解析，然后交由计算机进行处理，最终将识别物体的信息输入到计算机中进行后续处理。目前，许多行业都利用 RFID 技术进行追踪，应用也越来越广泛。

随着技术的发展，许多企业采用了自动化数字测量设备，这些设备利用传感器等技术将产品的质量信息转化成相应的模拟信息，再通过数模转换器进行转换，然后传送到相应的数据处理装置中对信息进行处理，最终将结果显示出来，从而实现质量数据的自动采集和处理。这类测量仪器也多与计算机直接相连，数据在计算机中可以通过特定的软件系统进行数据分析，并能自动生成实时的监控图，为质量模式识别和诊断提供了重要的依据。

这种自动化数字采集系统采集速度很快，检测精度也很高，实现了高度的自动化，能够很好地保证质量数据的有效性，适用于质量数据统计过程控制，是今后质量数据采集发展的主要方向，其工作原理如图 4-10 所示。

图 4-10 自动化数字采集工作原理

自动化数字采集系统利用传感器相关技术，当产品质量特性发生变化时，传感器将识别到这种变化，并将这种变化由模拟信号转换成数字信号，经过一系列的数据处理过程，将这种数字信号转换成产品的具体特性值，并在相关设备上显示出来。在产品制造过程中，一些基础性的数据可能需要从其他系统中取得，例如，从计算机辅助设计系统（CAD）中采集产品的装配图数据，从产品数据管理系统（PDM）中采集工艺信息数据。所有这些数据的采集都可以通过数据集成技术来实现，也就是将与产品质量相关的系统联系起来，实现数据的共享，对于产品的全生命周期的质量数据进行管理和控制，发现产品在生命过程（如设计、制造以及使用等）中出现的种种质量问题，并提出相应的措施改进产品的质量。

面向对象的过程监控信息模型

产品在制造过程中产生的质量数据通过一定的纸质载体呈现，并通过数据采集系统实现数字化，达到数据实时共享和有效利用的目的。这些质量信息通过一定的质量活动相连，形成了"信息载体—过程—活动—质量信息"的链条。

在电子元器件的生产过程中，与质量相关的信息种类很多，并且与过程密切相关，但是从质量分析及控制角度来看，关键的质量信息往往只存在特定的信息载体或过程当中，对这些信息载体或过程进行抽象，识别关键的质量信息，对于后续的质量分析及控制将会产生巨大的影响。为此，将生产过程中的相关载体划分为如下五种对象实体：原材料，订单，半成品，成品，发货单，每种类型的实体具有下列四种属性域：时间域 T，空间域 S，关联域 R，数据域 D，每种域都通过相应的属性名和属性值进行定义，也即：

$$Entity = \{T, S, R, D\}$$

式中，T 表示时间域信息，主要记录本实体的开始、结束时间及其他关键时间；S 表示所处的空间位置以及空间位置参数等；R 表示本实体与其他实体的关联信息；D 表示数据域信息，其中 $D = \{Q, S, R\}$，Q 表示数量信息，S 表示检验规范，R 表示检验结果。

对电子器件行业各个实体对象进行分析，确定其各个域的值，如表 4-6 所示。

表 4-6　实体对象及其域属性值

实体对象	时间域 T	空间域 S	关联域 R	数据域 D
原材料	原材料到货时间 原材料有效期	原材料储存位置 原料使用生产线	订单号 工作令号	数量 原材料检验标准 原材料检验报告
订单	接收订单日期 交货期	订单执行状态	物料批号 工作令号	订单需求量 生产执行标准 工序检验信息
半成品	工序加工时间	工序生产线 存储位置	工作令号 物料批号	工序投入数 工序检验标准 工序检验报告
成品	生产完成时间 检验开始时间	检验部门 存储位置	工作令号 合同号	产出数 成品检验标准 成品检验报告
发货单	发货时间	发货生产线	合同号	发货数量 检验报告集合

利用收集到的质量信息，对生产过程进行信息建模，经过建模之后的模型如图 4-11 所示。

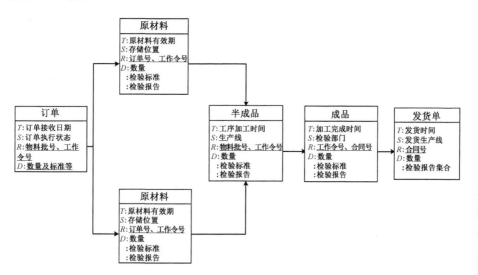

图 4-11　面向对象的过程监控信息模型

生产过程建模以工作令中关键工序为流程依据，采用工作流技术建立制造

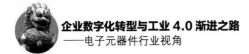
过程的工作流模板。工作令中的基础信息在创建流程实例（开工作令）时直接初始化到数据库中；制造过程信息则在流程实例流转到某个任务节点进行任务处理时（工序加工时）录入；质量信息录入则借助工作流技术中的子流程节点功能实现，一个质量信息录入流程模板可能适用于多个工序，当制造流程实例流转到某道工序时驱动子流程进行质量信息录入，质量信息流程录入完成后回到当前工序。

下面以某半导体封装企业的某种产品为例说明基于工作令的制造过程建模的方法。首先，从该产品工作令中提取出关键工序及其相关质量信息采集点如图 4-12 所示；其次，以关键工序作为任务节点建立制造过程工作流模板；然后，以各关键工序的质量信息采集点分别建立质量采集点工作流模板如图 4-13 所示；最后，将各质量采集点工作流模板关联到制造过程工作流模板中对应的任务节点，最终的制造过程工作流模板如图 4-14 所示。

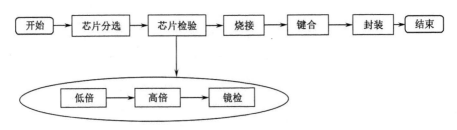

图 4-12　制造过程关键工序及其质量信息采集点

利用建立好的模型，通过软件系统实现质量信息的集中管理，将处在不同过程的信息综合到实体对象中，实体对象通过关系域相连，可以有效实现质量信息管理和质量问题的追踪。

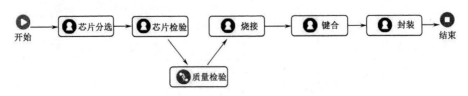

图 4-13　质量采集点工作流模板

图 4-14　制造过程工作流模板

数字化转型之典型应用③——过程监控系统

功能分析

针对电子元器件生产过程监控的难点，借助过程监控系统支持企业数字化转型提升。分别从原材料质量管理、制造过程质量管理以及成品质量管理三个环节入手，特别要强调制造过程中对关键工序的过程监控。系统从功能上可以分为五大部分：基础信息管理、原材料质量管理、制造过程质量管理、成品质量管理和统计过程质量管理，具体功能模块如图 4-15 所示。

原材料质量管理阶段需要采集的数据有：原材料的规格型号、进厂日期、有效期、批次数量、检验日期以及最终的检验数据及结论等。制造过程质量管理阶段需要采集的数据有：产品的规格型号、投入产出数、工艺参数信息、设备运转信息以及过程质量信息等。成品质量管理阶段采集的信息有：批次号、抽样数、试验日期、合格品和不合格品数及详细的质量检验信息等。在这三个阶段的质量管理中，对于数据的控制要形成闭环，即相关数据之间具有关联性，便于在发生质量问题时可以实时追踪根源，采取有效的手段进行控制。工作令号将原材料质量管理阶段和制造过程管理阶段有机地联系起来，即通过工作令号可以有效地追踪出半成品的原料来源；工作令号和合同号则将后两个过程联系起来，也可以实现有效的质量追踪。另外，产品在各个阶段的质量信息都得到了有效的采集，并且随着时间的推移相互关联，形成时间上的相关性，当质量问题发生时，可以有效地定位产生这些质量问题可能的时间和位置，为后续的质量控制提供有效的指导。

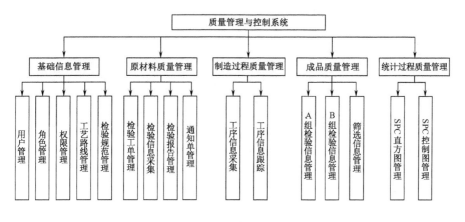

图 4-15　系统功能模块

通过数据采集实现了质量数据的实时共享，便于质量信息在各个部门实时流转，这样质检人员不必等待纸质文档到达质检部便可以出具相关质量报表，而且由于信息的共享和集成，以及信息之间的相互关联，质检人员可以通过一定的查询条件快速定位所需要的质量信息，并自动生成针对不同客户的质量报表。此外在电子元器件行业目前提交给客户多以纸质报告为主，通过数字化手段，可以实现带有电子印章的报表，实现企业数据凭证数字化，可以为企业节省大量的资源。对采集到的质量数据进行合理分析。特别是工序质量信息，对于产品的最终性能影响巨大。对这些信息采用统计学的相关知识进行分析，识别过程中可能出现的异常，并可通过一定的措施对工序进行调整。

应用实例

基础工艺路线管理是实现关键工序定义的基础，也是实施制造过程监控、关键工序质量控制的重要依据。在系统实现上，对电子元器件各种型号产品的加工工艺进行管理维护，实现新增工序，为工序配置工艺参数，并将工序添加到某个产品的工艺路线内，通过本模块可以实现工艺参数、工序以及工艺路线的灵活配置，具体功能界面如图 4-16 所示。

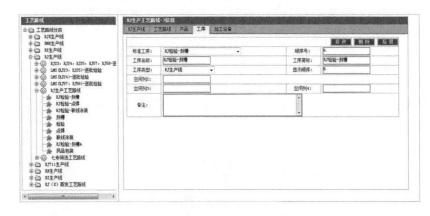

图 4-16　工艺路线管理界面

原材料质量监控

原材料的质量是影响电子元器件最终产品质量的重要因素，可以说是众多产品质量问题的"源头"。因此，过程监控系统实现对电子元器件原材料质量检验过程的信息采集、分析与处理，包含基本的检验工单、检验报告、通知单的创建，以及检验信息采集、检验规范的管理等功能，实现对电子元器件原材料的质量检验与控制。

检验工单是根据原材料的到货通知单所开具的检验凭证，检验工单生成之后检验人员开始检验的相关流程，检验工单上涉及的重要信息有通知单号、物料名称、规格型号以及数量等，是后续检验的重要凭证，具体操作界面如图 4-17 所示。

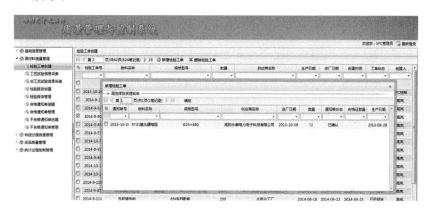

图 4-17　检验工单管理界面

原材料的检验分为工艺试验和非工艺试验两种，根据上一步生成的检验工单，开始工艺试验或者非工艺试验过程，单击"质量信息录入"按钮，进行质量检验信息的采集，检验之后对于检验工单的产品判定其"工艺试验合格"或者"工艺试验不合格"，相关的操作界面如图 4-18 所示。

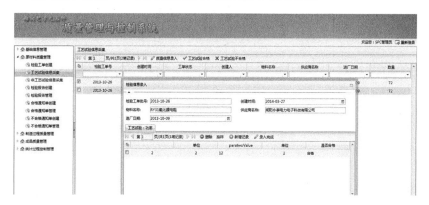

图 4-18　检验信息采集界面

根据采集到的原材料质量数据，可以创建检验报告，检验报告在生成时要选择具体的检验工单，然后录入原材料的有效期信息，最后可以通过系统自动

生成相关的检验报告，具体界面如图 4-19 所示。

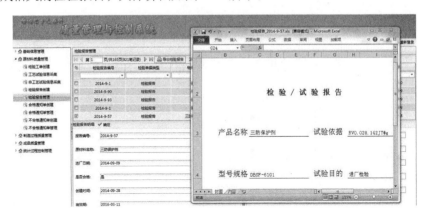

图 4-19　检验报告管理界面

原材料在进入库房时需要附带合格或者不合格通知单，合格或者不合格通知单是原材料的重要凭证，通过本模块对通知单进行管理，通过检验工单生成合格或者不合格通知单，然后录入相关检验信息，最后通过系统可以自动生成不同类型的"进厂检验合格证"和"原材料检验合格通知单"，具体操作界面如图 4-20 所示。

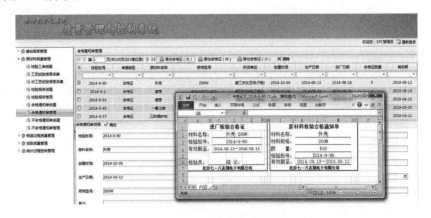

图 4-20　通知单管理界面

制造过程监控

制造过程监控的核心是对电子元器件加工工序质量信息采集、加工过程的质量分析与控制。

（1）工序质量信息采集

对于产品在加工过程当中的工序质量信息进行采集，主要分为单参数及多参数两种。单参数主要采集单记录型及单数字型的质量检验信息，多参数主要用来采集多数字型的质量检验信息，具体操作界面如图 4-21 所示。

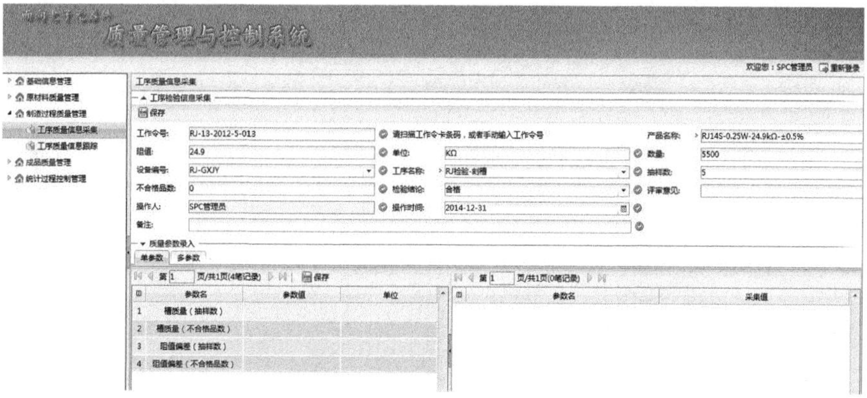

图 4-21　工序质量信息采集界面

（2）工序质量信息跟踪

获取相关产品的工序检验进展状况，并可以对单个工序的详细质量检验数据进行查询，方便质量管理人员把控生产进展，操作界面如图 4-22 所示。

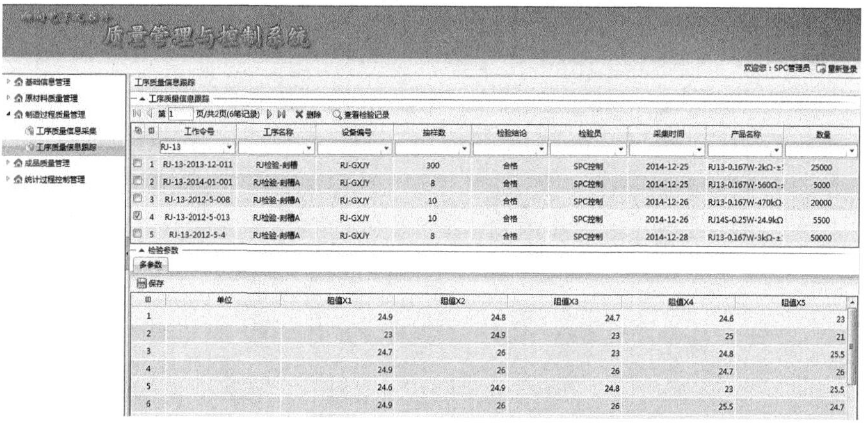

图 4-22　工序质量信息跟踪界面

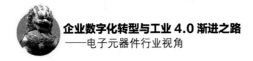

（3）工序过程控制

对产品质量的控制本质上是对关键工序的控制，通过对关键工序质量数据进行分析，识别质量问题，发现异常现象。对以前检验过的工序质量数据进行查询，具体操作界面如图 4-23 所示。

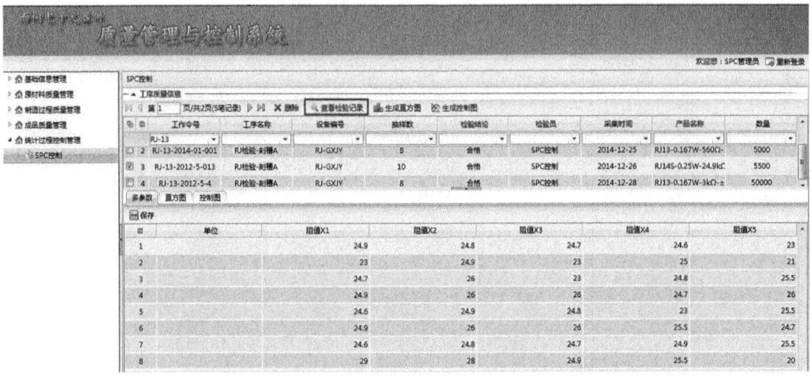

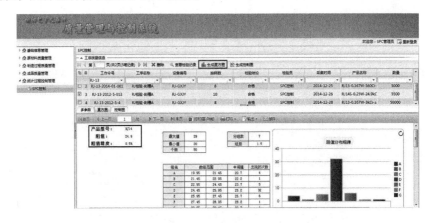

图 4-23　检验记录查询界面

系统提供直方图分析方法，可以生成相关产品特定工序的质量特性值分布情况，具体操作界面如图 4-24 所示。

图 4-24　直方图生成界面

系统提供控制图功能，可以生成相关产品特定工序的 $\bar{X}$ 控制图和 R 控制图，便于生产线操作人员实时监控质量特性值的变化情况，及时识别异常状况。具体操作界面如图 4-25 所示。

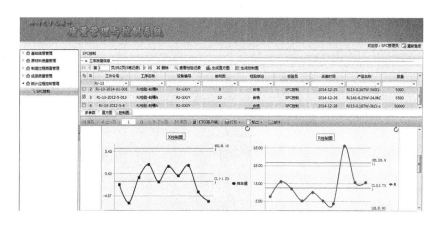

图 4-25　控制图生成界面

成品质量监控

成品质量监控是对电子元器件成品质量检验过程的管理，包含了对检验信息的采集、检验结果的分析与检验报告的生成。

（1）A 组检验信息采集

A 组检验信息采集是对加工完成后的产品进行抽样检验，判断其是否满足质量要求。首先在"工作令号"内输入相应的代号，按"回车"后系统会自动给出产品的相关信息，例如规格型号、阻值、阻值精度以及温度特性等，然后在抽样数中根据规范录入相应的数量，保存后即完成相关信息的采集。采集界面如图 4-26 所示。

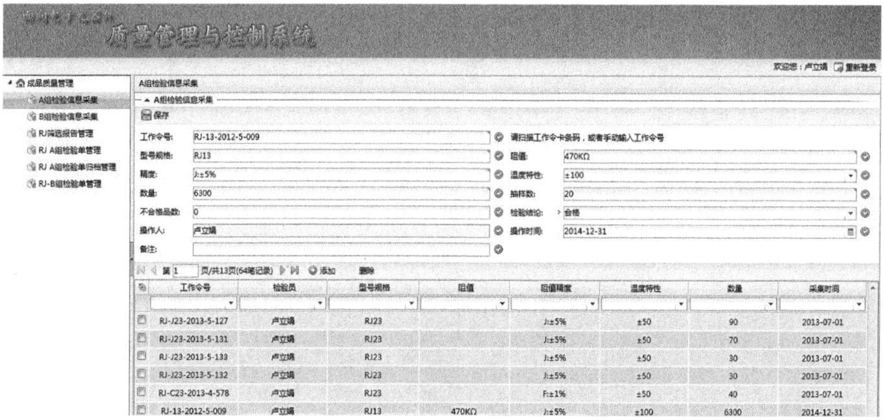

图 4-26　A 组检验信息采集界面

信息采集完毕可以直接在系统中自动生成电子版检验报告，方便质检人员进行归档打印，具体界面如图 4-27 所示。

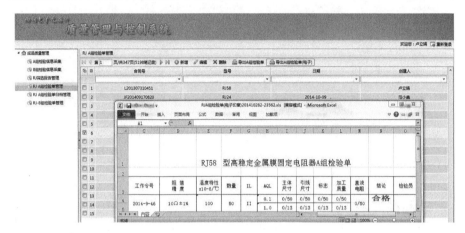

图 4-27　A 组检验单管理界面

（2）B 组检验信息采集

B 组检验每隔一段时间进行批次检验，新增一条记录之后，单击"数据采集"即可进行质量数据的采集工作，相关界面如图 4-28 所示。

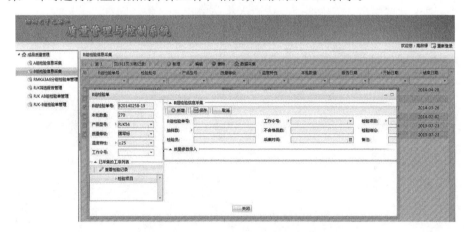

图 4-28　B 组检验信息采集界面

完成数据采集之后可以在系统中直接生成报告的标准形式，相关界面如图 4-29 所示。

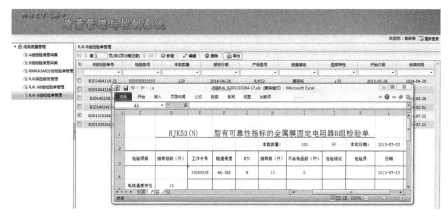

图 4-29　B 组检验报告管理界面

（3）筛选报告管理

在完成信息采集后，可以生成最终的检验报告。相关界面如图 4-30 所示。

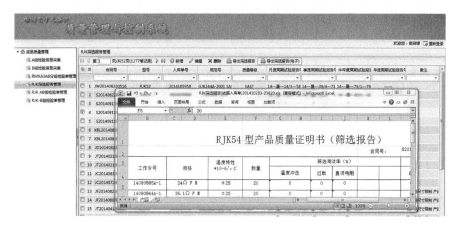

图 4-30　筛选报告管理界面

核心观点　过程监控助力企业数字化转型提升

- 智能生产系统实现企业生产过程监控。
- 数字化车间和智能工厂是智能生产系统发展的两个重要阶段。
- 质量检验是电子元器件生产过程监控的重要手段。
- 基于关键工序的过程监控提高电子元器件质量稳定性与可靠性。

第5章

质量追溯——企业数字化转型拓展

从供应链的视角看，电子元器件行业处于制造产业链的"末端"，为航空航天、高铁、汽车等装备提供基础的"零部件"，同时其产品质量的提升也受制于上游电子材料制造业的发展。如何从供应链的视角打破产品研制过程中的"质量孤岛"、跨越与供应商之间的"质量鸿沟"，实现质量的全方位、全周期、精细化管理，是企业数字化转型在供应链上进一步延伸与拓展，也是工业 4.0 渐进发展过程中实现横向集成与端到端集成必须解决的重要课题。

因此，电子元器件企业通过数字化转型拓展，以供应链下游客户的"质量归零"为主线，形成电子元器件质量数据包，满足供应链下游客户对产品质量正向跟踪与多向追溯需求，这也是工业 4.0 提出的横向集成的具体体现。

1　数字化转型拓展：工业 4.0 横向集成

从企业数字化转型的实践视角看，源自订单跟踪的数字化转型起步，到生产可视的数字化转型进阶，再到过程监控的数字化转型提升，"起步—进阶—提升"的过程强调的是企业内部运营的数字化转型。而企业数字化转型拓展则是将实践关注的焦点延伸到供应链或者企业间的应用上来，突出的是企业之间的业务集成。由此不难发现，企业数字化转型的实践历程与工业 4.0 提出的集成理念是高度一致的，如图 5-1 所示。

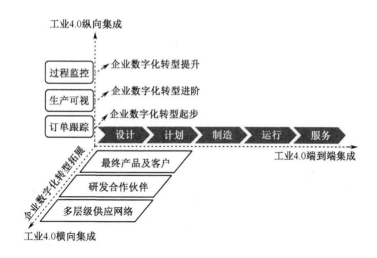

图 5-1　企业数字化转型实践与工业 4.0 的集成关系

　　企业在走向工业 4.0 的过程中，将逐步实现纵向集成、横向集成与端到端集成。纵向集成是解决企业内部信息孤岛的集成，实现所有环节信息无缝链接，也是智能化的基础；横向集成是企业之间通过价值链以及信息网络所实现的一种资源整合，即实现各企业间的无缝合作，提供产品与实时服务；端到端集成则是围绕产品全生命周期的价值链创造，通过价值链上不同企业之间资源的整合，实现从产品设计、生产制造、物流配送到使用维护的产品全生命周期管理和服务。

纵向集成

　　纵向集成的本质是企业内部应用系统之间的集成，如图 5-1 所示。从业务上看是企业产品设计、计划管理、生产制造、库存及销售发货等业务不断信息化、数字化，并实现业务集成、数据集成的过程。

　　企业信息化发展过程中经历了部门个体需求、单体应用到协同应用三个阶段。单独从订单跟踪、生产可视与过程监控的各自应用角度看，属于满足销售部门、生产制造等部门的需求及单体应用。但从企业信息化发展到企业集成的视角看，上述应用体现了跨业务环节的集成（如产品销售与制造环节的集成），以及产品全生命周期的信息集成（如产品研发、设计、计划、工艺到生产、服务的全生命周期的信息集成）。

　　因此，企业数字化转型"起步—进阶—提升"纵向集成就是解决企业内部信息孤岛的集成，工业 4.0 所要追求的就是在企业内部实现所有环节信息无缝连

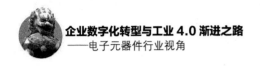
接，这是所有智能化的基础。

横向集成

横向集成是企业之间通过价值链以及信息网络所实现的一种资源整合，如图 5-1 所示，是为了实现各企业间的无缝合作，提供产品与实时服务。在市场竞争牵引和信息技术创新驱动下，每一个企业都是在追求生产过程中的信息流、资金流、物流无缝连接与有机协同。在企业数字化转型拓展之前，企业为实现这一目标主要集中在内部的业务变革与整合上。而当前企业间的竞争早已转变为供应链与供应链之间的竞争，企业要实现新的目标：从企业内部的信息集成向产业链信息集成转变，从企业内部协同研发体系到企业间的研发网络转变，从企业内部的供应链管理向企业间的协同供应链管理转变，从企业内部的价值链重构向企业间的价值链重构转变。

因此，横向集成主要体现在企业与企业之间，推动企业间研产供销、经营管理与生产控制、业务与财务全流程的无缝衔接和综合集成，实现产品开发、生产制造、经营管理等在不同的企业间的信息共享和业务协同。在供应链的视角上，将企业与供应商、客户之间的业务进行协同，企业需要将内部的业务信息向企业以外的供应商、经销商、用户进行延伸，实现人与人、人与系统、人与设备之间的数字化集成，从而形成一个智能的虚拟企业网络。

端到端集成

端对端集成是指贯穿整个价值链的工程化数字集成，如图 5-1 所示，是在所有终端数字化的前提下实现的基于价值链与不同企业之间的一种整合，最大限度地实现产品的个性化定制。

"端到端"就是针对企业产品的全生命周期，从客户需求获取、个性化产品创新设计到研发试制、生产制造、营销服务，企业的业务流程从一个端点到另一个端点的连续执行，不会出现局部流程、片段流程及流程断点的情况。

端到端集成的本质是，把所有该连接的端点都集成互联起来，通过价值链上不同企业资源的整合，实现从产品设计、生产制造、物流配送、使用维护的产品全生命周期的管理和服务，以产品价值链创造集成供应商、制造商、分销商以及客户的信息流、物流和资金流，企业在为客户提供更有价值的产品和服务时，重构产业链各环节的价值体系。

因此，端到端的集成即可以是企业内部的纵向集成，也可以是外部的企业与企业之间的横向集成，关注点在流程的整合上，比如提供用户订单的全程跟踪协同流程，将用户、企业、第三方物流、售后服务等产品全生命周期服务的流程进行整合，进而达成端到端集成。

2　供应链视角下的产品质量追溯

电子元器件行业供应链

从供应链的字面意思来看，表述的是企业之间因相互的物料供应关系而形成的一个链条，基于这种供应关系，将处于链条上的企业分别称为供应商、制造商、分销商及客户等，如图 5-2 所示。供应商提供的原材料（零部件）依次通过"链"中的每个企业，逐步变成产品，产品再通过一系列流通配送环节，最后交到最终用户手中，这一系列的活动构成一个完整供应链过程。

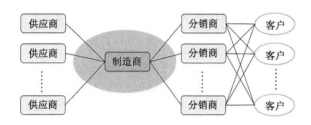

图 5-2　供应链上的企业构成

迄今为止，众多学者对供应链、供应链管理开展了深入研究，不仅从概念上探讨了供应链的定义，还从实践上开展了供应链管理模式的研究。美国的管理学家史迪文斯认为"通过增值过程和分销渠道控制从供应商的供应商到用户的用户的流就是供应链，它开始于供应的源点、结束于消费的终点。"也有学者将供应链定义为：一个企业获取原材料、生产半成品或最终产品，并通过销售渠道把产品送达消费者的网络。总结供应链、供应链管理的研究与实践，其本质是围绕核心企业，通过信息流、物流、资金流将供应商、制造商、分销商、零售商直到最后用户连成一个整体的功能网络结构的模式；其涉及的范围从新产品研发、工程设计实施、工厂运行管理、原材料采购、生产制造、储存管理、货物运输和订单履约直到客户服务的全过程。构成供应链的各个组织／角色，既可以是在同一地区的单一独立企业，也可以指由分散在不同地区的许多企业组成的大型公司；同样，在供应链中的组成既可以是一个大系统的子系统，也

可以是一个装配车间、分厂或者总厂。

电子元器件行业作为工业强基的核心领域，在整个电子信息产业链中，电子元器件无处不在，不论是日常的消费电子产品还是工业用电子设备，都是由基本的电子元器件构成的，是电子信息产业的基础支撑产业。从整个工业体系来看，电子元器件行业处于制造产业链的"末端"，为航空航天、高铁、汽车等装备提供最为基础的"零部件"，其发展速度的快慢、所达到的技术水平和生产规模，直接影响整个电子信息产业乃至制造业的整体发展，对发展信息技术、改造传统产业、提升现代化装备水平、促进科技进步都具有重大影响。

按照供应链的定义，对于电子元器件行业的供应链，从结构上可以分成两类：链状结构和网状结构。链状结构是一种简单化的供应链模式，反映了从供应源到需求源的各种关系。相对于核心企业而言，向前推依次是供应商、供应商的供应商等，向后推依次是分销商、分销商的分销商。而一般情况下，某一供应链可能有多个供应商、分销商，而同一供应商、分销商有可能是多条供应链的成员，一条供应链常常会受到其他供应链的影响和制约，因此构成了供应链的网状结构。

以片式电感及片式低温共烧陶瓷（Low Temperature Co-fired Ceramic，LTCC）射频元器件的供应关系为例，说明电子元器件行业供应链的基本构成，具体如图 5-3 所示。

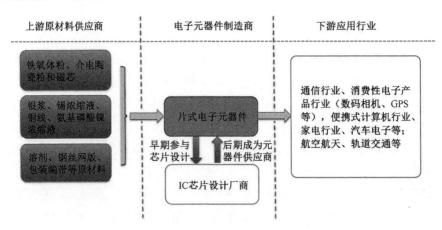

图 5-3　电子元器件行业供应链构成

片式电感及片式 LTCC 射频元器件等电子元器件的上游是电子材料制造业。作为新型电子元器件，片式电子元器件的原材料与传统的电子元器件有较大不同。片式电感及片式 LTCC 射频元器件的上游原材料包括银浆、铁氧体粉、介电陶瓷粉、磁芯、导线等。由于整个片式元器件制造工艺都围绕材料以及对原材料的物理化学加工展开，一方面原材料的电气化学参数影响电子元器件的电气参数水准，影响到元件能否达到某些特殊电气参数要求；另一方面基础材料的物理机械参数性状，也影响元器件的工艺可行性和工艺成本。因此，电子元器件行业对原材料的特性品质、供应商的供应能力、材料性能稳定性的要求较高。同时，为了保证原材料特性品质的稳定性，同时保护产品工艺参数、配方等商业秘密，电子元器件行业通常都与上游原材料供应商保持长期稳定的合作关系，建立高效的供应链管理体系，以确保产品质量稳定及持续供应能力。

电子元器件的质量追溯

ISO 9000—2000《质量管理体系——基础与术语》中对可追溯性做了如下的定义：可追溯性追溯所考虑对象的历史、应用情况或所处场所的能力。实现产品质量的可追溯，应做到对产品批次的大小、批次完整性和可分离性的准确判定；对批次追踪及过程数据的完整记录，包括产品的物料组成情况、重要的加工/生产/运输/储存等数据。而且，从企业内部管理的视角看，产品可追溯性应以批次为基础，追溯最终产品与其组成（原材料、零件、部件和组件等）的批次组成关系，及其加工历史的能力。

我国航天系统工程中的"质量归零"实质是对产品质量问题的全过程追溯。电子元器件作为军工领域各种型号产品的基础零件，其质量／性能的稳定性和可靠性，对型号产品研制具有重要影响。因此，对电子元器件生产商是否能够按期、保质保量交付，以及是否具备质量问题追溯能力，成为航天等军工型号单位十分关注的问题。越来越多的型号承制单位对电子元器件生产商提出了订单跟踪与质量追溯的要求。

由于电子元器件在航天型号系统的供应链体系中属于末端供应商，在面对"质量归零"的实际需求时，对自身的质量管理提出了更高要求。电子元器件行业迫切需要通过数字化转型拓展来实现自身产品的质量追溯，进而满足类似航天型号系统等下游客户的"质量归零"要求，这也正充分体现了电子元器件企业在实现工业 4.0 过程中的"横向集成"。电子元器件企业数字化转型过程中，为实现产品质量追溯，应该遵循以下原则：

① 可追溯性的对象应该是产品批次，而非单个产品。

② 不仅可追溯组成最终产品的零部件批次情况，还可要追溯产品批次的生

产、运输、储藏等过程。

③ 可追溯性按追溯范围可以分为外部可追溯性和内部可追溯性，前者关注产品从供应链的一个环节转移到下一环节的相关信息，内部可追溯性发生在企业内部，关注从原材料采购到形成最终产品全过程的可追溯性，外部可追溯性的实现是以内部可追溯性为基础的。

④ 可追溯性是以对产品进行正确的标识为基础的。

⑤ 可追溯性的定义范围集中在企业内部和企业外部。企业外部的可追溯性一般体现在对供应链上下游的监控，而企业内部的可追溯性则集中在建立生产过程中的各种生产要素之间的关系以及如何妥善的处理它们之间的联系。

型号质量协同管理

电子元器件作为航天型号研制过程中"底层"供应商，伴随武器装备的高精化、复杂化，对电子元器件的供应质量提出了更高的要求。当前，我国航天型号研制数量的大幅度增加、研制任务的高度交叉耦合、研制周期的不断缩短，要求在型号研制全局范围内打破型号"质量孤岛"、跨越与供应商之间的"质量鸿沟"，实现质量信息的全方位、全周期、精细化管理，实现供应链环境下航天多型号质量协同管理等方面。对此，我国相关企业做了非常有益的探索，并且取得了巨大成效。

① 满足航天多型号并行研制过程的质量协同管理需求，打破型号"质量孤岛"，实现多型号并行研制过程质量信息高度共享。

近年来，我国航天进入快速发展期，启动了"探月"工程、"载人航天"工程等一批重大工程和重点型号，型号研制数量逐年大幅度上涨，多型号并行研制成为我国航天型号研制的显著特点。航天供应链多个型号并行研制过程中，对协同的要求越来越高，不仅要在"集团—院—厂（所）"三个组织层次之间进行协同管理，还要在总体负责单位、分系统单位、单机承担单位及各级配套供应商之间对多个型号的任务计划、进度状态、质量信息等进行协同和管理，确保对各个型号的质量、进度和成本的优化。

目前，航天型号电子元器件要"统一选用、统一采购、统一监制验收、统一筛选复验、统一失效分析"，在型号质量处理方面要求"质量信息共享、质量问题举一反三"。在型号"两总"机制下，逐步建立了较为完善的质量协同管理模式、方法与系统，有效推动了跨型号的质量信息共享与利用。

② 强化航天多型号多级供应商质量协同管理：加强对供应商内部过程质量

的控制，统一质量信息采集，建立有效的信息组织管理模式，彻底消除型号总体单位与各级供应商之间存在的"质量鸿沟"。

航天型号产品往往由十几万个元器件组成，围绕元器件的采购、设计、生产、库存、质量和服务等环节，需要以型号总体负责单位为核心、总数达几千家的供应商和研制单位所形成的航天供应链进行紧密协作才能完成型号任务。航天供应链多型号并行研制意味着航天多型号质量协同管理不仅要在供应链的不同级供应商间实现多级协同管理，还要在同级供应商中进行多型号质量管理。为有效地控制型号的研制过程，保证型号质量，需要制定覆盖多级供应商的多级质量协同计划，同时在项目执行过程中需要增强各级供应商之间的交互，使上级供应商能够及时了解下级供应商的质量信息，有助于上级供应商从全局进行调整和管理。

以"神舟"飞船为例，仅元器件供应商就上千家。航天产品质量是通过对产品研制过程进行严格的质量管理与控制来保障的。随着供应商数量的增加，如何对多级供应商在产品研制过程的质量进行管理与控制，成为航天产品质量管理的难点。

③ 航天多级供应商体系下，借助多型号质量协同管理模式及系统支持，极大提高质量问题归零的效率。

航天产品多属定制产品，产品间配套供应关系复杂，配套厂商包括内部配套商和外部配套商，对配套产品质量要求严格，要求做到出现问题可以快速回溯反查。由于航天产品的复杂性，涉及数千家原材料、元器件、单机、分系统等供应商，包括直接向型号总体单位提供产品（如单机、分系统）的一级供应商、向一级供应商提供产品（如原材料、元器件等）的二级供应商。由于供应商数目众多，如果不加强产品研制过程中在各级供应商中的质量状态信息管理，当质量问题发生时，很难从上万个零部件中定位到究竟是哪家供应商的哪个产品在哪个环节发生了问题。因此，面对日益增加的型号任务，航天领域建立了支持的型号质量协同管理模式及支持系统，突破了航天产品质量管理的瓶颈。

质量归零

"质量归零"是质量问题归零的简称，是我国航天系统工程中有关质量管理的重要方法。质量归零的内涵是对在设计、生产、试验、服务中出现的质量问题，从技术上、管理上分析产生的原因、机理，并采取纠正和预防措施，以避免问题重复发生的活动。这里的质量问题主要是指故障、事故、缺陷和不合格

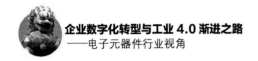

等问题。早在 2002 年，中国航天科技集团公司发布了一项标准《航天产品质量问题归零实施要求》（Q/QJA 10—2002），这是具有中国航天特色的质量管理手段和质量保证措施，对彻底解决质量问题，防范重复质量问题和人为责任质量问题，提高技术和管理水平，具有十分重要的作用。

从"质量归零"内涵可以看出，其解决质量问题遵循两条线，一是技术线，二是管理线。因此，又可把"质量归零"分解为"技术归零"和"管理归零"。

技术归零：针对发生的质量问题，从技术上按"定位准确、机理清楚、问题复现、措施有效、举一反三"的五条要求逐项落实，并形成技术归零报告或技术文件的活动。"定位准确"就是确定解决问题的对象，首先找到问题发生在哪个环节、部件；"机理清楚"是找到问题发生的根本原因和演进过程；通过试验等验证方法，复现质量问题发生的现象，验证定位和机理的准确与正确性；然后再通过采取纠正措施，确保质量问题得到解决。"举一反三"就是把发生的质量问题反馈给本型号、本单位和其他型号、单位，使具有相同原理设计的产品都能避免同类问题的发生。

管理归零：针对发生的质量问题，从管理上按"过程清楚、责任明确、措施落实、严肃处理、完善规章"的五条要求逐项落实，并形成管理归零报告和相关文件的活动。五条要求之间的关系是"过程清楚是基础，责任明确是前提，措施落实是核心，严肃处理是手段，完善规章是结果"。它们的逻辑关系是：首先从质量问题中找出管理上的薄弱环节或漏洞，再根据职责分清造成质量问题的责任单位和责任人，并分清责任的主次和大小，然后在制定并落实有效的纠正和预防措施的同时，对因重复和人为原因发生的质量问题责任者按规定给予处理，最后把归零工作的措施固化到相关的规章制度、作业指导文件、标准或规范中，避免类似的质量问题再次发生。

无论是技术归零还是管理归零，核心的内容都是五条，航天人将其概括为"双五条"。双归零的方法是按照戴明、朱兰、克劳士比和费根堡姆共同的"质量改进"主题，遵循着戴明循环（PDCA），从出现的质量问题入手通过技术上的分析、管理上的改进，达到系统预防的目的，从而提高航天产品的质量水平。从相互的关系上看，大多数的技术问题或多或少均存在管理上的不足。所以，控制质量问题，既要开展技术归零，也要开展管理归零。管理归零是技术归零的延续，是技术归零后在更深层面上铲除质量问题重复发生的根源、提高质量管理水平的重要手段。以下为归零报告示例。

SpaceX "猎鹰"九号事故质量归零报告简述

针对 2016 年 9 月 1 日"猎鹰"九号火箭发射失败，美国东部时间 2017 年 1 月 2 日上午 9 点（北京时间 2 日晚上 10 点），美国 SpaceX 公司更新了 AMOS-6 任务失败调查进展，并决定于 1 月 8 日进行 2017 年的首次发射。

归零专家组组成：美国联邦航空管理局（FAA）、美国空军（USAF）、美国航空航天管理局（NASA）、美国国家交通安全委员会（NTSB）和工业界专家。

归零闭环周期：4 个月。

归零过程简述如下：

①审查了 3000 个通道的视频和遥测数据（从出现异常到失去信号只有 93 毫秒）；以及查看了塔架数据、地基视频和碎片。

②SpaceX 组织在其 Hawthorne、California and McGregor、Texas 实验室进行故障复现。

③问题定位：归零专家组采用了故障树分析（FTA）方法，得出二级火箭液氧容器中 3 个混合包覆压力容器（COPV）中的 1 个失效了。专家分析很可能是 COPV 的衬底和搭扣之间的含氧量堆积造成的。

④机理分析："猎鹰"九号的 COPV 用来储存冷氦用以调节压力，每只都有铝制内衬和碳包覆层。冷的液氧可以堆积在包覆层下面的搭扣中。当加压时，这些淤积在搭扣中的液氧成为麻烦，摩擦力造成点燃。另外，液氦温度低造成固态氧（SOX），加剧了摩擦力点燃的可能性。

⑤纠正措施：短期措施——改进 COPV 配置，提高氦的加注温度，进行 700 次成功加注试验。长期措施——对 COPV 进行设计变更。

3　基于产品批次的质量追溯

产品批次

在生产制造的语境里，产品批次是一个非常普遍且通用的"术语"，即针对一批待加工的原材料，在经历了若干加工过程后到达最终的生产状态，中间形成若干半成品、最终产品的全过程称为"批"，给对应的批赋予一个数值标志，将该标志称为"批次"。

产品批次的形成是实现产品质量追溯的前提。在电子元器件制造企业中，产品的投产、加工过程通过工作令进行协调控制。一个工作令即一个生产批，该批次号通常用来标识同一批产品使得企业在产品加工时能够区分不同特征的

一批产品，并且可以查询关于该批产品的相关信息，比如生产、库存、原材料采购信息、工艺参数信息等。产品的批次信息是在原材料采购、物料加工和产品检验包装发货的过程中形成的。一般有以下几种情况：原材料采购入库、原材料领料、产品加工过程、产品入库和订单发货。

（1）原材料采购入库

一般来讲，原材料采购到货之后需要对采购的物料进行批次标识，由于每个企业物料管理的方法不尽相同，因此一般不会采用供应商提供的批次进行物料管理，而是企业根据自身的需求对物料进行重新标识，赋予新的批次信息。在仓库管理中，也用相应的标识对原材料进行标识，以便在领料出库时可以识别物料批次。由于涉及供应商的追溯问题，因此，新形成的物料批次需要与供应商的物料批次建立起关联关系。因此，原材料的入库单中既包含自身的物料批次，也要有供应商的供货物料批次。

（2）原材料领料

当产品要进行加工时，需要到原材料仓库进行领料。在领取原材料时，必须在领料出库单上记录物料编码和物料批次，这个批次就是原材料入库时的批次信息。

（3）产品加工过程

产品的加工是按照生产计划分批次进行的，在产品加工任务下达之后，必须根据加工任务下发工作令卡，对加工的产品进行批次标识，该批次标识贯穿产品的整个加工过程，由于工作令卡号的唯一性，可以将工作令卡号作为该批产品的批次号。

（4）产品入库

当产品加工完成后，需要进行入库登记，由于产品是分批入库的，可以将该工作令卡号作为该产品库存管理的批次号，也就是产品入库单上产品批次号，以方便企业对库存进行管理。

（5）订单发货

根据上述分析，产品的批次是在原材料入库、领料、加工和订单发货的过程中形成的，并且记录在相应的表单上。在批次发生变化时，都需要记录批次的转换信息。产品批次形成过程如图 5-4 所示。

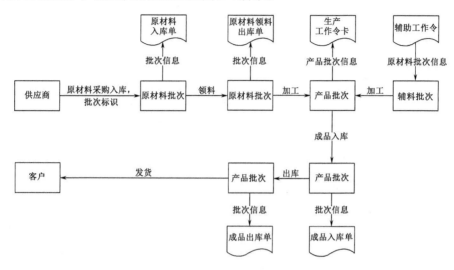

图 5-4　产品批次形成过程

批次清单

　　根据产品批次的形成过程，可以知道只要记录产品生产过程中的批次信息，就可以根据这些批次信息进行关联查询。批次清单描述的是产品组成部分及其批次组成关系，如图 5-5 所示。

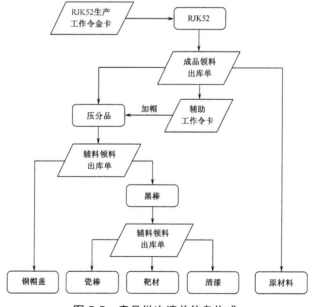

图 5-5　产品批次清单信息构成

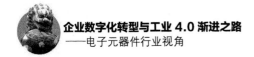
以 RJK52 产品生产过程为例来描述领料过程形成的批次清单。RJK52 产品批次清单中的产品批次是记录在 RJK52 生产工作令卡上的，产品生产所需要的原材料批次是记录在原材料领料出库单上的，RJK52 生产过程中需要的辅料批次信息是记录在辅助工作令上的，该辅助工作令需要的原材料批次信息也记录在原材料领料出库单上。因此利用成品领料出库单对产品展开，对辅料领料出库单对辅料组成批次进行展开，最终形成原材料领料过程的产品批次清单。

制造过程中批次清单构建需要明确制造过程中的物料走向，其形成于各道工序领用物料的前后。工序物料领用过程的信息正是记录了各工序的领用情况信息，包含该工序产出物料的批次信息、领用物料的批次信息及领用数量信息。因此，批次清单的构建需要以工序物料领用过程记录的信息为基础。

工序物料领用过程清晰地表明生产本道工序半成品或产成品所领用的半成品或原材料批次，这提供了正向批次清单的一级结构；综合某一工序的多个工序物料领用过程的记录信息，能够得到领用同一批次原材料或半成品所生产的半成品或产成品，这提供了逆向批次清单的一级结构。因此，通过一道工序的领用信息，可以构建起单级批次清单。

整个生产过程是由不同的工序构成的，每个工序都有自己的工序物料领用信息，因此各个工序的物流领用信息环环相扣。这种关联能够将基于单道工序物料领用过程的记录信息建立起的单级批次清单连接起来，形成多级批次清单，构建过程如图 5-6 所示。

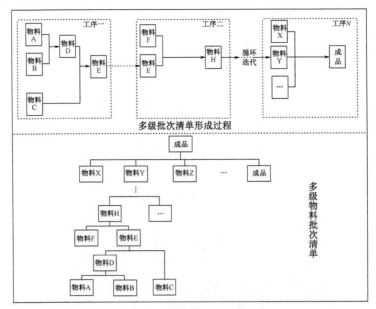

图 5-6　多级批次清单构建过程

批次清单通过物料领用的迭代关系构建：每完成一道工序，根据该道工序上的单级批次清单，将组成成分的批次清单拉入，清单结构增加一级，构成新的批次清单。随着加工过程推进，不断重复迭代构建批次清单过程，直到形成最终的多级批次清单。

质量追溯

（1）单向追溯

产品质量追溯的过程是指在发现产品质量问题之后，通过产品的批次号追溯发生质量问题的过程。追溯的结果是找到问题发生的点，并且能够分析出问题发生的原因。在发现产品存在质量缺陷后，根据检验结果进行故障诊断，寻找可能导致故障的原因，并依据产品批次清单进行质量追溯如图 5-7 所示。如果是加工工艺出现质量问题，则只需要对这批产品进行召回处理即可；如果诊断结果发现是原材料出现的问题，需要对使用该批次的原材料生产的全部产品进行检验，如果确实存在问题应该向客户召回产品并且要求供应商办理退货；如果是生产过程中的辅料出现问题，需要判断是生产辅料时原材料出现的问题还是辅料生产过程中加工工艺出现的问题，如果是原材料出现问题，则需要追溯生产时所用的这批原材料，如果是加工工艺出现问题，则需要追溯加工过程中的相关信息，对造成缺陷的工艺、设备进行改善，同时也找到相关负责人，改进产品质量。

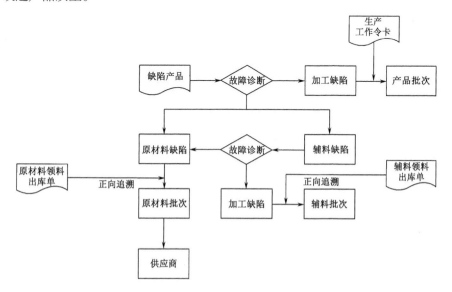

图 5-7　基于批次清单的产品质量追溯

（2）多向追溯

在实际的产品生产过程中，如果某一批次产品发现质量问题，在进行单向追溯时，如果发生的产品质量问题涉及产品物料及其相关工艺对其他产品也会产生质量影响，那么在生产过程中曾经使用过问题物料的批次产品也可能会存在类似的质量问题。这时，就要对产品的质量问题进行多向追溯，找到相关联的可能发生质量问题的物料，并对其进行处理。

多向追溯的前提是单向追溯已经定位到发生质量问题的原因。单向追溯结果显示，导致产品质量出现问题的原因有两个：原材料缺陷或辅料缺陷，多向追溯也围绕这两个过程展开。

① 原材料缺陷导致的多向追溯。

单向追溯的结果显示是原材料出现质量问题导致产品缺陷，在多向追溯过程中需要对使用这批原材料的全部加工过程进行追溯，根据多级批次清单找到使用这批原材料的全部产品加工过程和辅料加工过程，最终定位到使用这批原材料的成品批次。如果是直接使用该原材料的生产过程，根据成品领料出库单，可以直接定位到成品批次；如果是原材料作为辅料的生产原料，则需要通过多级批次清单，多向追溯整个制造过程的物料利用情况，定位到最终的成品批次如图 5-8 所示。

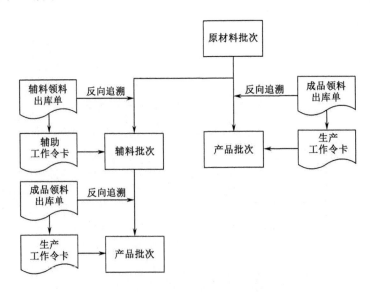

图 5-8　原材料缺陷导致的多向追溯

② 辅料缺陷导致的多向追溯。

辅料缺陷在多向追溯过程中需要对使用这批辅料的全部产品加工过程进行追溯，找到对应的产品批次，如图 5-9 所示。单向追溯发现产品出现质量问题并且是因为辅料出现问题时，需要根据辅料的批次信息和单级批次清单对该批次辅料多向追溯，定位所有使用该批次辅料的生产过程。

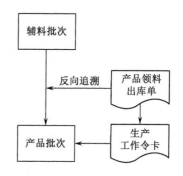

图 5-9　辅料缺陷导致的多向追溯

数字化转型之典型应用④——质量追溯系统

电子元器件产品作为众多装备的最小零件单元，尤其是航空航天、高铁等高端装备的核心基础零部件，质量稳定性和可靠性对装备本身的影响巨大。因此，加强电子元器件产品的质量综合管控，推动企业数字化转型拓展到供应链各环节，确保产品质量的正向可跟踪、反向可追溯，是当前电子元器件企业数字化转型的重要任务。面向航空航天等典型型号客户的产品质量归零需求，分析产品质量追溯的业务及功能续期，开发电子元器件产品质量追溯系统，实现电子元器件供应链视角下的产品质量追溯。

功能分析

（1）缺陷产品批次追溯

缺陷产品批次追溯过程是在对产品批次清单展开的基础上，按照展开的物料批次进行产品质量追溯。具体展开的层级以批次清单最低层为准，即如果还有半成品，则继续追溯，直至清单底层全部为原材料。进而根据之前对缺陷产品的质量分析，定位发生质量问题的原材料或者半成品的批次信息。

无论原材料、半成品或者成品都作为物料处理，每种物料都包含若干批次，对于物料批次的查询可以先找到该物料编号，在该物料内确认要查询的对应批次，并根据该批次号确认该批次的所有交易记录。产品批次追踪数据流程如图 5-10 所示。

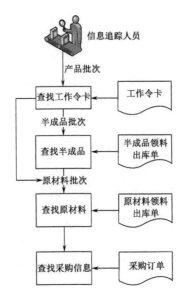

图 5-10　产品批次追踪数据流程

（2）采购过程信息追溯

缺陷产品的采购过程信息追溯是根据缺陷产品的批次号，追溯其采购订单以及合格供应商的过程，使企业可以申请原材料退货，也为供应商提供数据支持。采购过程信息追溯数据流图如图 5-11 所示。

（3）加工过程信息追溯

根据缺陷产品批次信息与产品加工过程中工作令卡号之间一一对应的关系，通过该批次号对应的工作令号，即可通过工作令号追踪产品加工过程的工序信息和质量检验信息。产品加工过程信息追踪流程如图 5-12 所示。

（4）缺陷产品多向追溯

在产品发现质量问题之后，可以通过单向追溯方法找到出现问题的原材料或者半成品，原材料或者半成品通过它们自身的批次号进行唯一标识。这时，可能存在这样一个问题，其他使用了这些存在问题原材料或者半成品的成品是不是也可能存在问题，多向追溯描述的就是找出问题成品的流程。

当发现原材料出现缺陷时，可以根据其批次查询曾经领用过该批次原材料的出库单，或者直接查询到使用该原材料的成品批次。另外通过半成品的批次信息和成品的领料出库单，也可追溯到使用该半成品的成品批次。缺陷产品多向数据流程如图 5-13 所示。

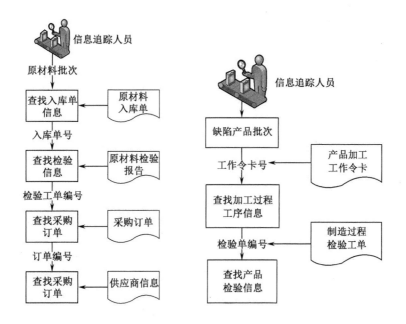

图 5-11 采购过程信息追溯数据流图 **图 5-12 产品加工过程信息追踪流程**

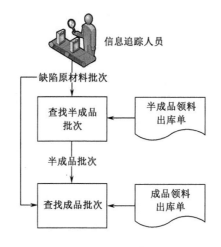

图 5-13 缺陷产品多向数据流程

功能架构

质量追溯子系统包括标准管理、原材料检验、制造过程检验、成品检验、特殊检验、质量追溯等模块,如图 5-14 所示。本章重点介绍缺陷产品批次追溯、缺陷产品采购过程追溯、缺陷产品加工过程信息追溯和缺陷产品多向追溯四个功能模块。通过产品质量追溯,企业可以对缺陷产品进行处理,不再用于

生产过程中，对于已经发出产品，也可以进行产品召回，提高企业形象和质量管理水平。

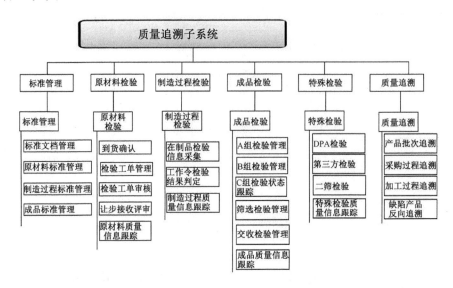

图 5-14　质量追溯子系统功能架构

应用实例

缺陷产品批次追溯可以根据反馈的缺陷产品批号，定位到产品的出入库单，根据产品出入库单记录的产品生产批号，定位到相应的工作令。根据工作令，可以查找到产品加工过程中的质量信息，同时也可以根据工作令号，来多向追溯使用同批产品的产品和订单，缺陷产品批次追溯界面如图 5-15 所示。

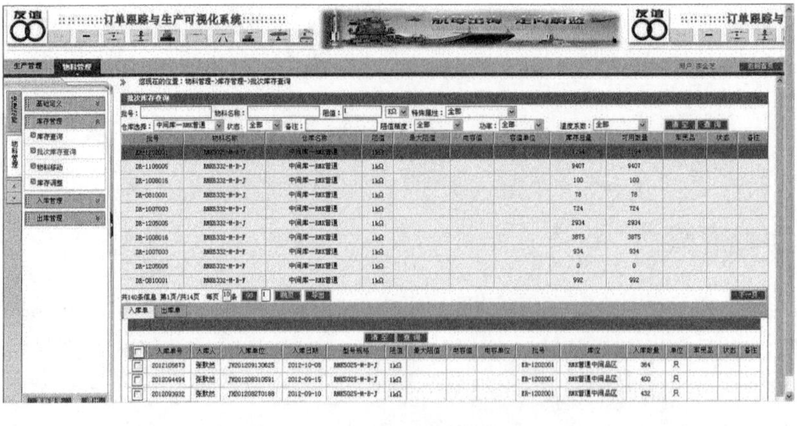

图 5-15　缺陷产品批次追溯界面

加工过程信息追溯可以根据产品批次号追溯到这个订单所开工作令的详细信息，包括领料信息、工艺参数信息、设备信息和加工过程信息等，这些信息使得生产线调度员能够及时实时跟踪到产品的加工进度和质量信息，及时进行生产调度和处理，保证产品的加工进度，可以对产品的加工过程实时监控。加工过程信息追溯界面如图 5-16 和图 5-17 所示。

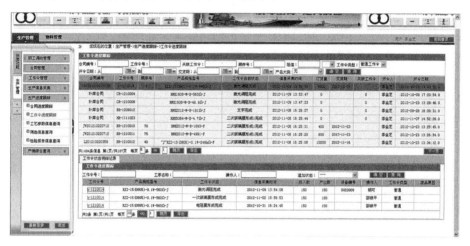

图 5-16　工作令进度跟踪界面

图 5-17　缺陷产品加工过程信息追溯界面

核心观点 数字化转型支持电子元器件供应链质量管控

- 供应链质量管控，电子元器件企业数字化转型拓展。
- 质量追溯，供应链视角下的工业 4.0 横向集成。
- 产品批次清单，电子元器件质量追溯的重要载体。
- 电子元器件质量追溯系统——实现数字化转型拓展。

第6章

研发创新——工业 4.0 的持续推进

伴随高新技术的飞速发展，越来越多的产品进入个性化时代，电子信息产业也正向着高精尖方向迈进。电子元器件行业的客户产生了更多的个性化需求，客户对高性能、数字化、智能化的产品需求日益增加。在此背景下，电子元器件企业的数字化转型进程中需要更加重视高价值的产品研发。

然而，电子元器件行业传统的生产模式、研发方式下，研发过程中有价值的数据信息未能进行及时规范化整理、分析与利用，造成大量重复性设计、试验分析与验证。产品研制周期长、成本高，成为企业在产品个性化定制时代发展的瓶颈问题。因此，在数字化转型与工业 4.0 渐进发展过程中，企业要提高产品研发能力，并通过关键工序调度和生产过程监控缩短生产周期提高订单交付能力，满足大规模个性化定制产品的生产要求，为个性化产品研发、计划调度、订单管理及发货等各个环节提供系统支持。

1　研发创新：现状与难点

产品研发过程是指，从产品定义到产品批量生产之前这个阶段，包括与产品开发有关的所有技术活动和管理活动。研发过程管理主要是针对产品研发的全过程工作流，对产品数据、过程状态以及流程和资源进行协调和控制。

电子元器件企业的产品研发过程要进行大量试验，主要针对产品和材料进行试验研究。一方面，产品、材料的性能分析过程复杂，受到很多参数的影响，

往往难以保证准确度和精度。另一方面，性能分析试验由于缺少经验指导，盲目重复地进行试验分析，浪费了大量的人力、物力、财力。如果将现有的试验数据和数学模型集中起来，加以系统化、程序化，建立材料性能数据库查询和预测系统，形成研发过程管理系统，可以快速、准确地获得相关材料性能数据，有效地避免重复性工作，为研发人员合理地选择试验方案和工艺参数提供有力的依据。历史试验数据通过统计分析和数据挖掘形成知识，这样的知识服务于研发过程能够加快产品研发的速度，缩短研发周期，降低研发成本。因此，电子元器件企业研发过程管理主要涉及研发项目管理和研发改进两部分。研发项目管理是指研发的全生命周期流程管理，研发改进是指产品工艺改进和试验方案改进。

研发过程

总结电子元器件行业产品研发的基本阶段，可以划分为以下七个主要阶段：立项论证、设计开发输入、项目策划、方案论证、初样试制、正样试制、定型（鉴定）阶段。每个阶段的主要活动、工作内容及输出资料如表6-1所示。

表6-1　电子元器件研发主要阶段及工作内容

序号	项目阶段	活动	工作内容	输出资料
一	立项论证	市场调研/用户信息收集	必要性：产品需求分析、竞争对手研制能力分析； 可行性：技术发展趋势、研制能力分析	《立项论证报告》
		立项论证报告	立项专家组及各相关部门会议评审立项必要性和可行性	《立项评审报告》
		明确项目安排	完成立项工作的收尾，进行任务分工及安排	《合同或技术协议》《设计开发任务书》
二	设计开发输入	识别设计开发输入内容	对项目执行过程中设计开发输入的充分性、适宜性进行评审	《设计开发输入报告》《设计开发输入评审报告》
三	项目策划	识别项目活动并进行策划	从项目活动的各个方面进行前期策划，保证项目顺利实施	《设计开发计划报告》《质量计划报告》《标准化大纲》等

续表

序号	项目阶段	活动	工作内容	输出资料
四	方案论证	实施方案论证报告	从产品实现的各个方面进行论证，包括：产品方案设计、结构设计、性能设计、工艺设计、六性设计、流程等工作	《科研项目实施方案论证报告》《技术状态管理表》《科研项目实施方案评审报告》等
五	初样试制	试制文件准备、试制样品交付	制定能指导样品试制的工艺、图纸、规范性文件等，并下发进行试生产，初样样品交付试用合格后可转下一阶段	《产品详细规范》《工艺文件》《产品图纸》等
六	正样试制	试制文件准备、试制样品交付	制定能指导样品试制的工艺、图纸、规范性文件等，并下发进行试生产，正样样品交付试用合格后可转下一阶段	《设计开发验证报告》及试验数据、《技术状态管理表》《设计开发评审报告（正样）》等
七	定型（鉴定）阶段	新产品试制	新产品试制前对人机料法环等进行检查和评审，符合要求后开始摸底样品试制	《工艺评审》《试制前准备状态检查表》试制的试验样品及相关工作令卡等
		首件（批）鉴定	在新产品试制过程中，需要对生出的第一批样进行首件（批）鉴定工作，顾客要求时应邀请顾客参加首件（批）鉴定工作。首件（批）鉴定项目一般分为逐批检验和鉴定摸底试验两部分，由检验人员及相关技术人员共同负责	《摸底试验大纲》《摸底试验报告》《逐批检验报告》等
		鉴定检验	将样品提交有资质的鉴定机构实施测试、试验，并出具《检验报告》	《检验纲要》《检验记录》《检验报告》等
		质量评审	科研所在新产品试制已完成并且检验合格后，邀请质量管理部及其他相关门的代表对产品的质量及试制过程中质量保证工作进行评审	《工艺文件》《质量评审报告》等
		定型评审	对项目研制的阶段性成果进行评审，对工艺、图纸、研制方案等进行固化和技术状态管理，完成产品的定型工作。先在公司内部进行设计定型评审，通过后，提交外部申请	《标准化工作报告》《产品技术说明书、使用手册》《定型（鉴定）审查意见书》等

创新难点

从目前电子元器件行业的产品研发过程看，主要集中在对产品特性、材料特性、工艺技术开发等方面，研发过程积累了大量的研发数据，主要包括研发需求数据、研发中的原材料数据、工艺数据、技术攻关数据、试验数据等。但当前大多数电子元器件生产企业主要依靠技术员个人经验进行研发方案的设计，导致这些研发数据没有得到充分利用，体现在以下几个方面。

① 针对客户个性化需求的产品研发过程缺少统一的设计规范及模板，以往产品研发积累的各种设计、试验数据都以纸质表格方式存储，难以进行有效的数据及工艺知识的挖掘分析，无法为后续研发提供数据、知识支持。

目前，电子元器件企业在产品研发过程中广泛使用《工艺质量管理工程图》，如图 6-1 所示，文件中包含了工序质量对电阻器质量一致性检验项目的关联性。

图 6-1　工艺质量管理工程图

如图 6-1 所示，在精调检验工序，显示外观和机械检查、直流电阻这两项检验项目与该工序关联度高，用双圆圈表示，温度系数关联度适中，用单圆圈表示，无关联关系不用表示。当研发过程中要求对某种性能进行提升时，技术员需要查阅相应的《工艺质量管理工程图》(有的企业用 Excel 电子版)或纸质版工艺文件才能获取与该性能相关的工序，再对这些工序进行改进。这种检验项目与工序质量的关联性需依靠人工查阅的方式进行检索，过程较为烦琐，且无法准确定位相关信息，影响产品研发的进程和效率。

② 当前，众多电子元器件企业的产品研发过程缺少集成共享的知识平台，研发人员之间的协作知识共享性较差。每位研发工程师开展产品研发工作积累的试验数据等有价值的信息，未进行统一管理和资源共享。当进行新的产品研

发时，研发人员缺少有效途径获取以往研发案例，只能依据个人经验重新进行方案设计和参数试验等工作。而实际上该方案的某些试验工作可能在以往的产品研发中已经做过，只是没有在企业内实现研发试验的数据及知识共享。

产品工艺信息包括工序的关重度以及工艺路线，这些资料大多数采用纸质或电子文档管理。图 6-2 所示为某型号有失效率等级的金属膜固定电阻器工艺流程图，包括整个工序流程以及各工序的重要度，其中刻槽分为激光刻槽和机械刻槽两种方式，分别对应两种不同的工艺路线，在工序流程图中用不同的形状来表征该工序的类型和关键程度。（注：激光刻槽采用虚线的工艺流程；机械刻槽采用实线的工艺流程）

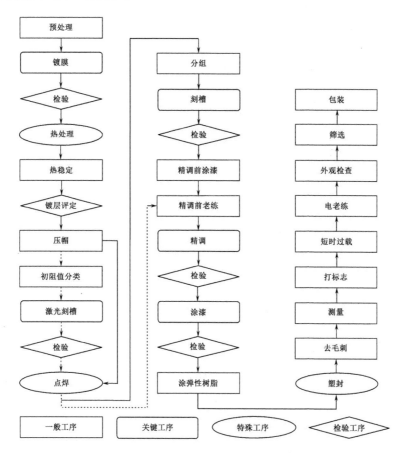

图 6-2 某型号有失效率等级的金属膜固定电阻器工艺流程图

另外工艺信息中还包括了每道工序关联的工艺参数和控制范围（见表 6-2 某型有失效率等级的金属膜固定电阻器工艺参数），表中列出了该型号电阻器各

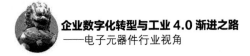

工序的工艺参数，但未列出相应的工艺参数的控制范围，技术员在使用时仍需要查阅其他工艺文件，由于工艺参数和控制范围是研发时工艺改进的重要数据，但工艺文件及实验数据的共享程度差，迫切需要数字化手段支持产品研发数据的共享。

表 6-2 某型有失效率等级的金属膜固定电阻器工艺参数

序号	工序名称	工艺参数
1	预处理	煅烧温度、煅烧时间
2	镀膜	真空度、蒸发电流及时间； 溅射电流、电压及时间；镀膜温度； Ar，O_2 流量
3	热处理	热处理温度、时间
4	热稳定	温度、时间
5	膜层评定	烘箱温度、过载电压
6	压帽	外观、尺寸
7	初阻值分类	初阻值
8	刻槽	刻槽速度、目标值、卡头、砂轮片
9	点焊	点焊速度、点焊电压
10	分组	初阻值
11	刻槽	刻槽速度、目标值、卡头、砂轮片
12	精调前电涂漆	比重、时间、温度
13	精调前电老炼	电流、电压、时间
14	精调	目标值、压力、时间
15	涂漆	比重、时间、温度
16	涂弹性树脂	黏度、温度、时间
17	塑封	温度、时间、用料
18	去毛刺	温度、时间
19	阻值测量	阻值、精度
20	打标志	烘干温度、时间
21	短时过载	电流、电压、时间
22	电老炼	电流、电压、时间
23	筛选	阻值、精度、温冲时间、过载时间、电压、电流、变化量
24	包装	数量

2　研发基础数据库——实现工艺知识共享

对于电子元器件企业而言，研发环节的数字化转型需求的核心在于，实现工艺知识共享，这也是工业 4.0 时代企业实现研发创新的基础。构建研发基础数据库，是将企业以往研发过程积累的大量设计方案、试验数据记录、形成的产品工艺方案等以共享数据库的方式进行集中存储、管理和维护，并为今后企业深入的数据挖掘、知识发现和知识重用奠定数据基础。企业在构建研发基础数据库过程中，可以考虑从以下三个方面逐步建设，包括产品基础数据库、标准规范数据库、产品工艺数据库等。

产品基础数据库

（1）产品目录

企业构建产品基础数据库可以从现有的产品目录入手，将产品目录信息结构化，形成对产品基础特性的统一维护管理。以电阻器为例，具体实现过程可将产品目录分为两个层次：

① 产品类型：根据企业拥有的产品类型进行分类；

② 产品明细：明细中主要包括产品的规格型号、质量等级、功率、最小阻值、最大阻值、阻值精度、温度系数、封装形式、极限电压、工艺信息编码、产品规范编码等。

表 6-3 所示为某企业金属膜电阻器基础数据表，包括型号、功率、阻值范围、阻值允许偏差（阻值精度）、电阻温度特性、元件极限电压、尺寸等信息。产品目录信息模型如图 6-3 所示，产品分类与产品明细之间是一对多的关系。其中工艺信息编码、产品规范编码是产品关联产品工艺库和产品规范库的桥梁。

表 6-3　金属膜电阻器基础数据表

型号	70℃额定功率/W	阻值范围/Ω	阻值允许偏差	电阻温度特性/(10⁻⁶/K)	元件极限电压/V（直流或交流有效值）	最大尺寸/mm			$d\pm0.05$/mm
						L	D	a	
RJ23	0.167	1≤R<20	D、F、J	±100	200	3.8	2.1	1.0	0.5
		20≤R≤510k	D、F、J	±50、±100					
		510k<R≤1M	F、J	±250					
		1M<R≤3M	J	±250					

续表

型号	70℃额定功率/W	阻值范围/Ω	阻值允许偏差	电阻温度特性/(10⁻⁶/K)	元件极限电压/V（直流或交流有效值）	最大尺寸/mm			d±0.05/mm
RJ24	0.25	1≤R<10	F、J	±100	250	7.0	2.5	1.0	0.6
		10≤R≤2.21M	D、F、J	±50、±100					
		2.21M<R≤10M	F、J	±250					
		10M<R≤22M	J	±250					
RJ25	0.5	1≤R<10	F、J	±100	350	10.5	3.9	1.0	0.6
		10≤R≤3.32M	D、F、J	±50、±100					
		3.32M<R≤10M	F、J	±250					
		10M<R≤22M	J	±250					
RJ57	1	0.91≤R<10	F、J	±100、±250	500	13	4.5	2.0	0.8
		10≤R≤10M	F、J	±50、±100、±250					
RJ58	2	0.91≤R<10	F、J	±100、±250	750	16	6.5	2.0	0.8
		10≤R≤10M	F、J	±50、±100、±250					

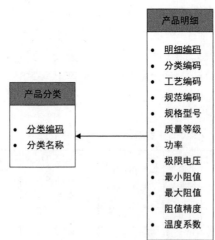

图 6-3　产品目录信息模型

（2）产品 BOM 数据

产品物料清单（Bill of Materials，BOM）作为基础数据之一，对于产品研发过程有着重要的意义。基于产品 BOM 进行试验数据的管理，而后对数据进行分析形成案例库。一方面，利于研发经验的积累，辅助未来的研发过程；另一方面，通过对案例的分析完成对产品 BOM 补充，逐步形成丰富的产品 BOM 进而对产品目录进行扩充，如图 6-4 所示为电子元器件的 BOM 形成过程。

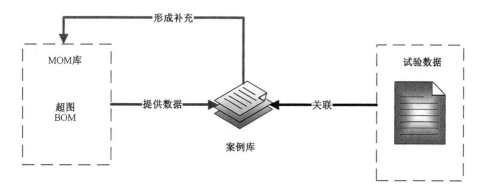

图 6-4 电子元器件的 BOM 形成过程

BOM 的建立与维护是一件持续时间较长的重要工作，建立元器件 BOM 后需要对其进行维护。具体包括以下两点。

① 依靠数据库技术对 BOM 进行增、删、改、查等基础操作。增、删、改、查是基本的维护操作，依靠数据库技术并配合权限控制手段，使得不同人员对 BOM 拥有不同的操作权限。其中增、删、改操作会修改现有的 BOM 结构，是一种动态操作；而查看功能只赋予使用者查看现有 BOM 结构，是一种静态操作。

② 依靠版本控制技术对 BOM 有效版本进行保持与维护。随着新材料、新工艺的出现以及老材料性能的提升，产品的 BOM 也随之会出现变化。保证 BOM 的有效唯一又成了新的议题，采用案例或实验驱动版本变化的方式，可以保证 BOM 的有效。

基于数字化系统实现对 BOM 的管理，即建立产品 BOM 数据库。产品 BOM 数据在数据库中使用两张表单（分别为 BOM 概要表、BOM 详情表）进行管理，在 BOM 概要表中对 BOM 的概要属性（如所属产品、版本信息、创建修改信息等）进行描述；而在 BOM 详情表中对 BOM 的层次结构、材料间的替换与约束

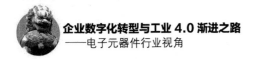

关系等信息进行存储。这样，BOM 向上与产品目录的信息进行了关联，向下与材料的特性（工艺特性与生产管理特性）、工艺信息完成了信息上的联系。图 6-5 为产品 BOM 管理的数据关系示意图。

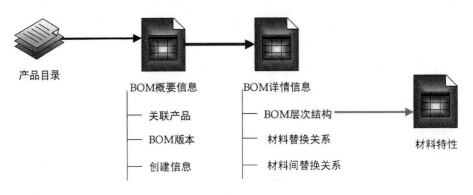

图 6-5 产品 BOM 管理的数据关系示意图

标准规范数据库

标准规范数据库的主要作用是，确定型号产品在研制阶段的检验内容。当研发的样品需要检验时，只需要明确该产品的型号及其对应的详细规范，可以通过数字化系统自动判定与之相关的检验项目及其相应的检验参数、检验要求和检验方法。

标准规范数据库是试验数据管理的基础，它明确规定了试验数据管理中需要记录的数据信息。标准规范数据库主要由电子元器件的详细规范构成，详细规范规定的检验分为鉴定检验和质量一致性检验。鉴定检验是将样品提交给有资质的鉴定机构实施测试、检验，并出具检验报告。质量一致性检验包括逐批检验（A、B 组检验）和周期检验（C 组检验），研发过程中的质量一致性检验由检验人员和相关技术人员共同负责。质量一致性检验包含了检验项目、检验参数、检验要求、检验方法、抽样方法等信息。

构建标准规范数据库主要目的是利用数据库技术对详细规范中的质量一致性检验信息进行结构化存储。当详细规范进行版本变更时，需要相关负责人对详细规范的基础信息进行维护。标准规范信息模型如图 6-6 所示。

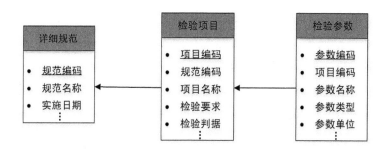

图 6-6　标准规范信息模型

① 详细规范信息表：规范 ID、规范名称、实施日期、起草人、起草单位等。

② 检验项目信息表：检验项目 ID、组别（A、A1、A2、B、B1、B2、C、C1、…）、检验项目名称、检验要求、检验方法、抽样方法和创建时间及修改时间。

③ 检验参数信息表：参数项 ID、参数名称、参数单位、参数类型、备注。参数类型分为单参数和多参数，单参数只需记录一个参数值，多参数需要依据抽样数录入多个参数值。

产品工艺数据库

产品工艺数据库是对电子元器件产品工艺信息进行统一维护管理，基本对象是产品大类，一个产品大类对应一条工艺路线。工艺信息包括制定工艺的时间以及每条工艺路线涉及的工序名称、零部件名称、设备名称、原材料名称、工序质量与电阻器质量一致性检验项目的关联性、工艺参数等基本信息。此外，工艺信息还包括关键工序的检验规范和作业指导书。

电子元器件行业的各个企业一般都有相应的工艺文件管理办法，可以结合具体企业的工艺管理办法设计产品工艺数据库。工艺的基本信息通过设计多级表结构实现结构化存储。通过建立关键字索引、查询结果视图、外键等手段，合理高效地组织数据库结构。对于关键工序的检验规范和作业指导书等附加信息则采用非结构存储，以附件形式在数据库中建立索引，存储其文件名，以便快速检索和查阅。

（1）工序质量与电阻器质量一致性检验项目的关联性

一般的工艺文件管理办法中都会包含《工艺质量管理工程图》（见图 6-1）

对于研发过程工艺改进具有辅助作用。通过工序质量与质量一致性检验项目的关联性，可以将研发目标与质量一致性检验项目匹配，并依据工序与检验项目的关联性快速定位到本次研发关注的工序。关联性的强弱可依据研发的实际情况进行编码。关联性维护页面可以以单独的对话框进行展示。

（2）工艺信息管理

电子元器件企业产品工艺信息的基本对象是一个系列的产品，一个系列的产品对应一条工艺路线。工艺信息主要指工艺路线所涉及的工序信息，工序所涉及的零部件、设备和原材料信息，工序质量与产品质量一致性检验项目的关联性。此外工艺信息还包括关键工序的检验规范和作业指导书等信息。产品工艺数据信息模型如图 6-7 所示。

① 工艺路线信息表：工艺路线 ID、工艺路线名称、产品图号、版本、编辑时间、编辑人。

② 工序信息表：工序 ID、工艺路线 ID、工序名称、工序类型、工序描述、顺序号、零部件名称、设备名称、原材料名称、工序质量与电阻器质量一致性检验项目的关联性、质量特性、控制范围。

③ 工艺参数信息表：工艺参数 ID、工序 ID、工艺参数名称、参数类型、参数单位。

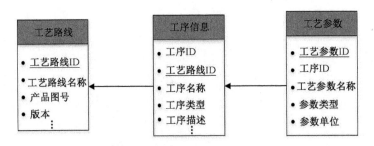

图 6-7 产品工艺数据信息模型

3 案例推理与研发创新

案例推理（Case-Based Reasoning，CBR）技术起源于美国耶鲁大学 Roger Schank 教授在其 "Dynamic Memory: A Theory of Learning in Computers and People" 一书中的描述，提出了一种重要的基于知识的问题求解和学习方法，即

通过重用或修改以前解决相似问题的方案来实现对问题的求解甚至直接重用结果，而不必从头做起。概括地讲，CBR 就是利用过去的经验案例推理求解新的问题。CBR 在推理求解时直接利用案例，而不需要提取规则，弥补了基于规则的专家推理系统在知识获取和组合推理等方面的不足。

案例推理技术一经提出，吸引了众多学者的广泛关注。在众多的认知推理模型中，应用最为广泛的是 Admodt 和 Plaza 提出的 4R（Retrieve，Reuse，Revise，Retrain）认知模型，如图 6-8 所示。

在该认知模型描述中，一个 CBR 循环通常包括以下四个阶段：

① 检索（Retrieve）最相似的案例；

② 重用（Reuse）检索到的结论尝试解决新问题；

③ 修正（Revise）建议的解答；

④ 保存（Retrain）新问题和修正的解为一条新案例。

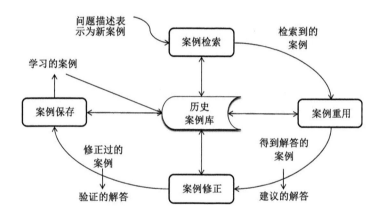

图 6-8　案例推理的 4R 认知模型

根据图 6-8 所示的 4R 循环，案例推理的认知机理可描述如下：一个新问题最初被描述成一个新案例（也称目标案例）。历史案例库中存储的是先前的问题描述及相应的解答，称为源案例。当有新的待求解问题，即目标案例出现时，通过案例检索从历史案例库中搜寻出与目标案例相似的源案例。在案例重用阶段，如果源案例与目标案例的问题描述完全一致，则可直接将源案例的解答作为目标案例的建议解；否则，就需要对源案例的解答进行调整，进而得到目标案例的建议解。在案例修正阶段会对系统给出的建议解进行评估，可通过实际应用检验或者领域专家评价实现，如果评估为无效解就需继续修正。最后通过案例保存将新学习的案例或者修正后的案例储存到案例库中，用于将来的问题

求解，从而实现 CBR 的学习功能。

对于电子元器件企业的研发数字化转型及研发创新需求，采用案例推理技术进行产品研发的辅助设计，可以遵照图 6-8 所示的 4R 循环开展相关实践。

研发方案表示

要实现基于案例检索的产品辅助设计首先需要建立案例信息库。电子元器件企业的研发案例库可以从研发需求信息、原材料信息、生产工艺信息、技术攻关信息、试验信息等方面进行表示。案例表示既要便于案例检索，又要充分体现研发方案。

（1）研发需求信息

研发需求信息主要用于案例检索的特征元素，选取有效的需求信息进入案例库是提高案例检索的前提。一般情况下，选取需求中的基本信息和产品的技术指标作为案例的研发需求信息。研发需求的基本信息包括需求名称、需求类型、所属生产线、技术员、研究室等，产品技术指标包括产品规格型号、阻值、阻值精度、温度系数、质量等级、额定功率等信息。

（2）原材料信息

原材料信息是指产品研发过程中所需的原材料、零部件的相关信息，案例中主要记录原材料零部件清单信息。对于原材料零部件有外协件时应单独给出外协图纸，并上传电子版文件，信息记录方式如表 6-4 所示。

表 6-4　原材料信息

序号	名称	规格	供应商	备注
1	散热器	见图	北京×××	外协

（3）生产工艺信息

生产工艺信息主要包括序号、工序名称、控制参数、控制范围、工序内容和备注等信息，如表 6-5 所示。

表 6-5　生产工艺信息

序号	工序名称	控制参数	控制范围	工序内容	备注
1	封底	烘箱温度 时间	80℃±5℃ 1h	封底防止底部灌封漏胶	

（4）技术攻关信息

技术攻关信息包括在研发制造过程中遇到的技术难点及其解决方案，如表 6-6 所示。

表 6-6　技术攻关信息表

序号	问题	解决方法
1	灌封后，有较大气孔，介质耐电压不合格	控制真空度，使得灌封时胶流较慢，灌封完成后静置 12h 以上再烘干
2	小电阻盖片配合	微修磨具使紧配合，再利用 3140 胶灌封

（5）试验信息

试验信息记录了样品在检验阶段都做了哪些检验项目，各个检验项目检验时的检验条件和检验数据都以结构化的数据存储下来，并自动计算相应的检验结果。试验信息在案例库中进行存储的主要目的在于，明确研发该类型产品需要做哪些检验项目才能保证产品质量可靠，在不同研发方案下产品的质量性能的反馈情况。

综上所述，研发案例信息模型如图 6-9 所示。研发需求信息与方案信息是一对多的关系，即一个研发中可能包含多个研发方案。研发方案与材料信息、工艺信息、攻关信息、试验信息均为一对多关系，即研发方案由材料、工艺、攻关、试验四方面构成。试验信息与检验项目为一对多关系，检验项目与试验参数、试验数据均为一对多关系。

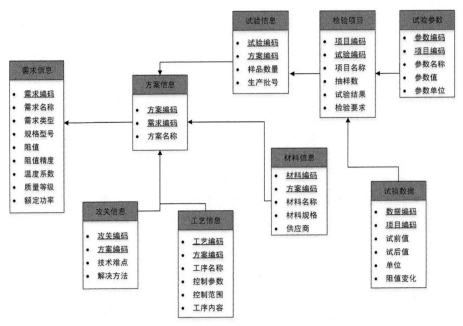

图 6-9　研发案例信息模型

案例检索方法

案例检索指的是在技术员获得研发任务时，检索系统能够自动从研发案例库中查找出用户需求与当前研发任务完全相同或部分相同的案例，而且输出的结果能够按照技术员的满意程度进行排序，满意程度高的排序高。常规的案例检索可以分为两类：当前任务与历史案例相似度计算方法和历史案例分类方法。当前任务与历史案例相似度计算方法是通过计算当前任务与历史案例相似度，选择相似度较高的案例作为案例检索的输出结果，常见的为判断欧氏距离（Euclidean Distance）/海明（距离）（Hamming Distance）的最近相邻法（KNN）。这一类型的案例检索方法主要用于设计、预测等领域。历史案例分类算法是指将历史案例库中的案例按照一定规则或算法分为具有一定层次结构的集合，案例检索过程主要是按照预先制定的分类顺序和特征关键字，通过人机交互的方式逐步筛选历史案例，从而获得满足条件的案例子集。这类检索算法多用于解决各类诊断问题。典型的历史案例分类算法有决策树算法和知识导引法。

案例检索存在以下三个方面的难点。

（1）从案例中提取出其特征信息

如果用户在案例检索过程中使用作者、标题等基础信息作为检索条件，则检索相对容易。但在实际应用中，往往都是案例的主题等特征信息，用户往往不能也不愿意从案例中用人工的方式抽出它们。所以，从案例中抽出有效的案例特征是实现案例检索的第一个难点。

（2）检索条件组合多，实时性检索难

通常情况下，案例的特征信息较多，那么将特征进行组合后得到的检索条件则更多。实际上，如果当前任务 d 有 w 个特征：$f_1, f_2, \cdots, f_w$，案例检索不仅要从历史案例库中找出同时具有 w 个特征的案例，而且要找出具有 $w-1$、$w-2$ 个，乃至只有一个特征的案例。令检索结果的集合为 $R = U_k R_k$，其中 $k = f(s)$，s 是案例 D_i 与当前任务 d 的相关度。通常情况下，相关度 s 会被定义为 u_{ij} 的线性函数，如：

$$s = \frac{1}{w} \sum_j u_{ij}$$

R_k 为案例库中对当前任务 d 具有相同相关度 s 的案例集合，即：

$$R_k = \{Di(s)\}, s = \frac{1}{w} \sum_j u_{ij}, 0 < s \leqslant 1$$

在实际应用中，要想确定一个当前任务 d 与案例中某个特征的相关度很困难。通常假定相关度 u_{ij} 仅从 0 或 1 取值，那么检验结果集合 R 中包含的任意案例与当前任务 d 的相关度 s 只与该任务选用的特征 f_i 相关，即 $s = 1/w, 2/w, \cdots, 1$，此时相应的 $k = 1 + (1-s) * w$。因为 w 个特征中选取 n 个特征值的组合方式有 C_w^n 种，$n = 1, 2, \cdots, w$。如果一种不同的特征组合方式对应于一次检索，则一次案例检索将等同于有 $V = \sum_{n=1}^{w} C_w^n = 2^w - 1$ 个不同的检索条件的检索。假设 $w=20$，则 $V = 2^{20} - 1 = 1048575$，即一次包含对 20 个特征任务的案例检索，相当于一百多万次不同检索条件的检索。

（3）需要大量存储空间和排序时间

正如上述两点所述，一次完整的案例检索相当于大量的普通检索，因此检索的结果往往相当多，所以在计算时需要消耗大量的存储空间和排序时间。

综上所述，在给出当前任务 d 后，一次案例检索可以归纳为以下三个步骤：

① 从案例中抽取出其特征 $E=\{f_i\}$，$i=1$，2，$\cdots$，w；

② 以不同特征的组合方式对案例库进行检索并计算库中案例的相关度 s，依据相关度 s 作"集合并"运算；

③ 将获得的结果按照相关度 s 值与 $k=1+(1-s)*w$ 把案例 D_i 放到相应的 R_k 桶中，即得到最终的结果集合：

$$R_k = \{D_i(s)\}, s=\frac{1}{w}\sum_j u_{ij}, 0 < s \leqslant 1$$

通过上述案例检索方法分析，相似度计算方法的计算次数随着特征数量的增长呈指数增长。因此，案例特征个数的选择直接影响了案例检索的精确性和效率。案例特征数量过少，不能全面地表示案例，检索出的结果可能与预期差距较大；而如果案例特征数量过多则需要消耗大量的计算时间，影响案例检索的时效性，不利于实际运用。

因此，我们在案例检索中以上述的相似度计算方法为基础，结合知识引导法进行案例检索。案例检索流程图如图 6-10 所示。

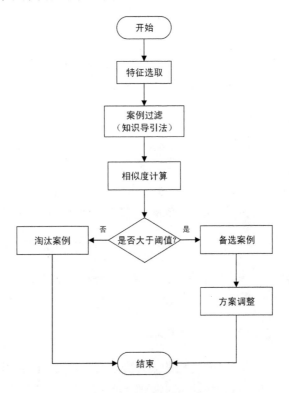

图 6-10　案例检索流程图

（1）选取案例特征

从四个方面考虑：研发需求特征、工艺特征、原材料特征、技术攻关特征。

研发需求特征从研发过程中录入的需求信息中提取，主要包括需求名称、客户名称、产品类型、阻值、精度、温度特性和额定功率。研发需求特征的提取是依据产品的特性确定的，每当技术员接收到研发任务时，在当前任务的研发需求中可以获取以上特征信息，这些特征可以用来当作检索条件进行案例检索。

工艺特征、原材料特征、技术攻关特征在技术员接收到的研发任务中是不存在的，需要技术员依据个人经验知识，在当前任务的需求中判断。

工艺特征依据产品工艺库进行提取。研发需求中的需求名称包含了新产品研发的性能要求，产品工艺库中包含了工序质量与产品一致性的性能关联关系。技术员输入产品的性能要求，如耐湿能力，通过产品工艺库可以获取研发任务中该类型产品与耐湿性能相关的工序及其关联强度。技术员选择关联强度较高的工序代表工艺特征作为检索条件进行检索。

原材料特征提取方法与工艺特征提取方法类似，依据原材料与产品性能的关联关系获取相应的原材料作为检索条件。

技术攻关特征则需要凭借技术员的个人经验，推测在该研发任务研发过程可能会遇到的技术难点，并将此技术难点作为检索条件。

（2）案例过滤

为了降低相似度计算过程的计算次数，首先采用知识导引法对历史案例进行过滤。知识导引法主要依据技术员的经验从研发类型、客户信息、研究室、技术员等几个方面对历史案例做一个过滤操作，从一定程度上降低案例库的数量，从而加快案例相似度计算的速度，实现实时检索的可能性。

（3）相似度计算

相似度计算对于不同的特征采用不同的计算方法。对于产品类型、工序、材料名称、技术难点等文字型特征，当前研发任务与历史案例相关度的取值为 0 或 1，当匹配时取 1，不匹配时取 0。对于阻值、精度、温度特性和额定功率等数字型特征，相关的计算采用隶属度计算方式，取值范围为[0,1]，计算公式如下：

$$s = 1 - \left| \frac{v_1 - v_2}{v_{max} - v_{min}} \right|$$

式中，v_1 表示案例中某一特征的值；v_2 表示当前任务中相应特征的值；v_{max} 表示

该特征的最大值；$v_{\min}$ 表示该特征的最小值；s 的取值范围为[0,1]。

相似度计算的数学模型可以用如下方法描述：

如果令 $R(i)$ 为作了第 i 次"集合并"后的案例号集合，$m(i)$ 为 $R(i)$ 中包含 D_i 的个数，并令 $R(0) = \varnothing$，即 $m(0) \approx 0$；再令 $D_j（i）$ 为 $R(i)$ 集合中的第 j 个元素，$D_j(i)$ 由案例号及相应的相关度 s 组成，则：

$$R(i) = R(i-1)\mathrm{U}F_i = \{D_j(i)(s)\}, i=1,2,\cdots,w, j=1,2,\cdots,m(i)$$

令 $Z_0(i)$ 表示集合 $R(i-1)$ 与集合 F_i 中元素的个数（用 m_i 表示）之和，即

$$Z_0(i) = m(i-1) + m_i, i=1,2,\cdots,w$$

$Z_1(i)$ 表示集合 $R(i-1)$ 与集合 F_i 交集中元素的个数，即

$$Z_1(i) = \left|R(i-1)\bigcap F_i\right|$$

$Z_2(i)$ 表示集合 F_i 中大于集合 $R(i-1)$ 中最大元素的个数。

$R(i-1)$ 与 F_i 并队后的队列长度 $m(i)$：

$$m(i) = \left|R(i-1)\bigcap F_i\right| = Z_0(i) - Z_1(i)$$

由于当一个升序集合中的元素大于另一个集合中的最大元素时，在这个元素之后的元素都不需要再比，所以在 $R(i-1)$ 与 F_i 作集合并的过程中，检索系统需要进行的比较次数由公式求得：

$$L(i) = m(i) - Z_2(i)$$

因此，为得到完整的 R，所需的比较次数由公式求得：

$$L = \sum_{i=1}^{w} L(i)$$

完整的 R 中包含案例编号及其相关度，并依据相关度从高至低排序。通过设置的阈值，只推荐相关度大于一定阈值的案例作为备选案例。研发人员从备选案例中选出最优案例，并以此作为当前任务研发方案调整的模板。对于相关度低于一定阈值的案例则在此次案例检索中作为淘汰案例，不进行推荐。

案例检索实例分析

以某电阻企业为例进行说明，该算例选取的特征如表 6-7 所示。

表 6-7　案例特征表

特征分类	特征名称
研发需求特征	产品类型、阻值、精度、温度特性、额定功率
工艺特征	工序名称（可多选）
原材料特征	材料名称、规格型号（可多选）
技术攻关特征	技术难点（可多选）

若当前技术员接到的研发任务如表 6-8 所示。

表 6-8　当前任务信息表

需求类型	客户	产品类型	阻值	精度	温度特性	额定功率
耐湿性能提升	北京××研究所	RJK	100Ω	±5%	100ppm/℃	4W

根据研发需求类型，本次研发的重点是提升 RJK 产品的耐湿性能。从产品工艺库的信息可以查询到 RJK 产品的耐湿性能与涂 PC40 漆工序强关联，因此选择涂 PC40 漆工序作为工艺特征的检索条件，同时材料也选择 PC40 漆为检索条件。依据技术员的经验，该研发中可能存在的技术难点在于涂漆厚度的控制。

技术员通过研发需求中的需求类型"耐湿性能提升"对历史案例过滤，剩余的案例如表 6-9 所示。由于案例中工序、材料、技术难点与需求信息是一对多的关系，在算例中不再一一列举，在历史案例库中只展示其中的部分信息。

表 6-9　历史案例信息表

案例编号	产品类型	阻值/Ω	精度/%	温度特性/（ppm/℃）	额定功率/W	工序	材料名称	技术难点
1	RJK	12	5	25	200	刻槽烘干	E-7 胶白棒	刻槽精度
2	RJ	5000	2	200	10	精调点焊	色环油墨黑棒	焊接温度
3	RJK	100	5	100	0.5	过载涂 PC40 漆	PC40 漆外壳	涂漆厚度
4	RJK	200	1	20	10	打标签温度冲击	电阻浆料PC40 漆	标签防脱
5	RN	1000	5	150	500	导体印刷插片焊接	介质浆料铝电阻管	焊接点
6	RJ	100	10	5	0.25	连线涂装包装	帽盖漆包线	烘干时间控制
7	RMK	120	4	20	3	激光调阻电镀	电极浆料硅树脂	电压控制
8	RMK	600	0.5	600	1000	电极烧结测量分选	合金箔快干漆	烧结温度
9	RJ	300	5	80	350	点焊连线涂装	塑压骨架介质浆料	涂漆厚度

综上所述，当前研发任务的检索条件如表 6-10 所示。

表 6-10　检索条件表

产品类型 (F1)	阻值 (F2)	精度 (F3)	温度特性 (F4)	额定功率 (F5)	工序 (F6)	材料名称 (F7)	技术难点 (F8)
RJK	100Ω	±5%	100ppm/℃	4W	涂 PC40 漆	PC40 漆	涂漆厚度

相关度计算过程中，产品类型、工序、材料名称、技术难点的相关度取值范围均为 0 或 1。而阻值、精度、温度特性、额定功率等相关度取值范围为[0,1]。

本例中阻值的取值范围为[0.01,10000]，精度的取值范围为[0.005,10]，温度系数的取值范围为[1,1500]，额定功率的取值范围为[0.02，5000]。以选取的特征逐一对历史案例计算相关度，得到的结果如表 6-11 所示。

表 6-11　单一特征检索结果表

检索条件	检索结果—案例编号(相关度)
F1	1(1),2(0),3(1),4(1),5(0),6(0),7(0),8(0),9(0)
F2	1(0.99),2(0.51),3(1.00),4(0.99),5(0.91),6(1.00),7(1.00),8(0.95),9(0.98)
F3	1(1.00),2(0.70),3(1.00),4(0.60),5(1.00),6(0.50),7(0.90),8(0.55),9(1.00)
F4	1(0.95),2(0.93),3(1.00),4(0.95),5(0.97),6(0.94),7(0.95),8(0.67),9(0.99)
F5	1(0.96),2(1.00),3(1.00),4(1.00),5(0.90),6(1.00),7(1.00),8(0.80),9(0.93)
F6	1(0),2(0),3(1),4(0),5(0),6(0),7(0),8(0),9(0)
F7	1(0),2(0),3(1),4(1),5(0),6(0),7(0),8(0),9(0)
F8	1(0),2(0),3(1),4(0),5(0),6(0),7(0),8(0),9(1)

依据第 6.3.2 节的计算方法，可以得到最终的结果

R = {3(1), 4(0.69), 1(0.61), 9(0.61), 7(0.48), 5(0.47), 6(0.43), 2(0.39), 8(0.37)}

从计算结果中可以看出历史案例库中案例 3 与当前的研发任务最匹配。在实际应用中，检索的结果会依据相关度大小倒序输出，技术员可以依据案例的先后顺序进行选择。其中，检索出的结果依据设定的阈值将相关度小于阈值的案例舍去。

方案调整

研发人员选择最接近的研发案例作为研发方案匹配的模板，从原材料、生产工艺、技术攻关、试验方案四个方面进行方案匹配。历史研发案例与当前研发任务完全匹配的概率不高，大部分的研发任务需要在上述四个方面进行方案匹配后对当前研发方案做出适当的调整，形成研发方案。

原材料、生产工艺、技术攻关三方面的方案匹配相对简单，将案例方案中的信息直接复制到当前方案中，并依据当前研发任务的需求做出适当的调整。而试验方案的调整则需要借鉴产品规范库的信息，对检验项目的选择做出适当的调整。

针对研发任务的实际需求，例如，所研发的产品要求对温度的变化不敏感，即不同环境温度下电阻值的变化要求控制在一定的范围内，对正在进行的研发任务方法中的试验方案做出适当的调整。如何从大量的检验项目中选择满足当前研发产品检验要求的检验项目成为试验方法调整的重点。为此，依据正在进行的研发任务的产品型号在产品规范库中检索到与其对应的检验规范，规范中明确显示了适用的检验项目及其检验要求和检验方法，技术员只要从中选择满足当前任务特殊需求的检验项目即可。在本例中，可以增加温升试验进行产品检验，以测试该产品对温度变化的敏感程度。

数字化转型之典型应用⑤——研发支持系统

基于工艺知识的积累及案例推理进行产品的研发创新，是电子元器件企业数字化转型的重要内容；构建电子元器件产品研发支持系统，也是满足行业个性化产品发展需求的重要手段。在已有工艺知识的基础上，进行研发支持首先需要获取研发需求，再根据具体的研发组织结构进行任务分配，后续经过研发需求信息补充、研发能力估计等工作后开展新产品研发活动，经过样品确认后完成产品研发定型。

功能分析

研发需求获取包括三个方面：需求类型、需求基础信息和客户信息。需求类型依据不同企业的产品类型进行划分，例如片式电阻器、金属膜电阻器、合金箔电阻器、高压电阻器、功率电阻器等。需求基础信息包括需求名称、是否长期需求、需求描述、可接受价格及研发必要性等。客户信息包括客户名称、联系人、联系方式、客户的重要程度。通过数字化转型的系统支持实现研发需求的规范化、结构化，可以将研发需求信息固化，从而提高研发中需求管理的效率。此外，是否长期需求、客户重要程度、可接受价格等信息对判断研发的价值具有重要的作用。

研发任务分配是在完成研发需求获取后，可以依据研发需求的信息（主要依据需求类型）将任务分配给相应的研究室。对于一些特殊的研发需求则将需求信息分配给负责人，由负责人判断该由哪个研究室进行研发。研发需求到达相应的研究室后，室主任可以查询室内技术员的任务量，并结合技术员的个人特点，将任务分配给相应的技术员，并指定其为该研发任务的负责人。技术员在接收到具体研发任务后，依据研发需求设计研发方案。研发方案包括原材料、工艺、技术攻关等方面的设计。依据研发方案制造出样品，并对样品进行质量检验，对于质量检验合格的样品提交给负责人确认。技术员在研发完成后，依据个人经验判断该研发案例是否对后续的研发具有借鉴意义，若有，则将该案例提交。技术员提交样品后，负责人能看到研发过程中所使用的原材料信息、工艺信息、技术攻关信息以及样品的检验信息。依据这些信息，负责人做出综合评估，审核样品是否具备提交给用户使用的条件。若具备，则将样品交到市场部发货。同时，对技术员提交的案例进行审核，并将优秀的案例存储进案例库，并定期依据产品发展的方向对案例库进行维护，删除过时的案例，补充最新前沿的案例。由于电子元器件产品的特殊性，在样品提交给客户使用后，企业市场部门将定期（一般一个月一次）对客户进行回访，调查新产品使用情况。一般情况下样品交付两个月后，新产品没有出现异常则该新产品的研发任务结束。

以某电子元器件企业的产品研发支持系统为例，其系统流程如图 6-11 所示。具体步骤描述如下。

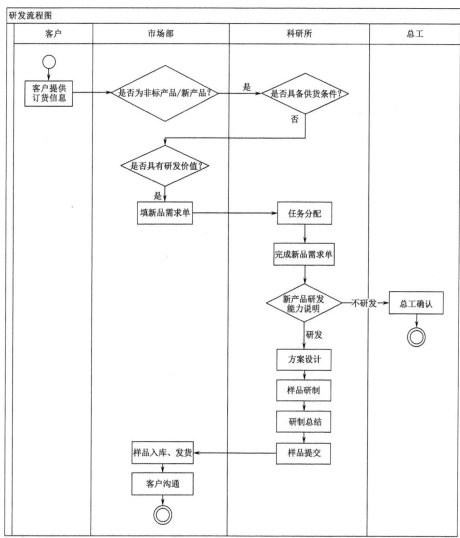

图 6-11　产品研发支持系统流程图

① 客户提出订货需求。

② 市场部业务员记录客户需求信息，查询产品内部目录，判断是否为非标产品或新产品。

③ 若是非标产品或新产品，科研所所长判断是否具备供货条件，若具备供货条件，则属于非标产品生产，不在新产品业务中处理；若不具备供货条件，所长将不具备供货条件的信息反馈给市场部。

④ 市场部得到科研所不具备供货条件信息后，业务员判断是否具有研发价值。若有研发价值，则填写新品需求单，记录客户的名称、联系人及其联系方式，信息收集人、记录时间和需求内容，交给科研所所长。

⑤ 所长接到需求单后，根据需求内容将任务分配到各个研究室。

⑥ 接到需求单的研究室，由技术员与客户进行详细的沟通，并将沟通的内容写入新品需求表，完成后交给所长。

⑦ 科研所所长做新产品研制能力说明，决定是否研发。

⑧ 研究室的技术员进行方案设计，方案设计以图纸（二维或三维）或其他能清晰表明设计方案的方式汇报给主管领导，经主管领导审核批准后与客户沟通，针对客户反馈的意见进行多次修改，双方达成共识后确认该方案为可行。技术员根据设计方案，拟制内部报价单，交市场部相关负责人。

⑨ 样品研制阶段，技术员准备生产需要的原材料（外协件、采购件等），若采购单或外协单不能清晰说明需用的材料时需提供相应的二维图纸（图纸要求：尺寸标注清晰、准确、完整），需和企管部相关人员沟通进度要求。图纸绘制完成后技术员需留一份电子版图纸。

生产过程中出现技术问题，由技术员提出处理意见，由技术主管领导审核批准后方可进行生产改进，必要时进行技术攻关，并在工作总结中详细描述该技术问题及解决方案。

⑩ 研制新产品样品，进行性能指标测试，当其性能指标达到客户需求时，可批量生产。完成研发后，形成详细的研制总结报告，样品经所长确认后提交市场部。

⑪ 市场部进行样品入库、发货。每个月市场部与客户定期进行沟通，跟踪新产品使用情况，若客户满意，任务完成。此外，两个月客户没有提出异议，任务自动结束。

功能架构

电子元器件产品研发支持系统是企业数字化转型应用系统的重要组成部分，总体系统结构如图 6-12 所示。系统遵循开放性、可扩展性、集成性、便于管理和方便用户使用的原则，采用 B/S 结构，通过局域网连接各个客户端。系统自底向上分为数据支撑层、业务逻辑层、用户交互层。

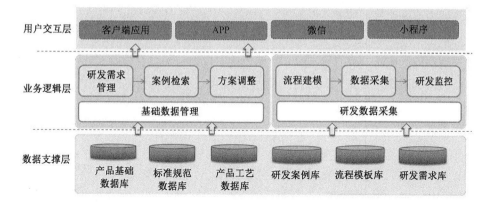

图 6-12　产品研发支持系统总体结构

（1）数据支撑层

数据支撑层提供了支持系统运行的基础数据，包括产品研发支持和生产过程监控两个子系统所需的基础数据。数据支撑层为系统的正常运行提供必要的数据保障。

（2）业务逻辑层

业务逻辑层是实现系统功能的核心环节，它实现了各种业务的规则和逻辑，对用户发出的请求做出响应，从数据支撑层获取相关数据并结合预先定制好的各种业务逻辑规则进行处理，最后将得到的结果反馈给用户。本系统中业务逻辑层主要实现了基础数据管理、研发需求管理、订单管理、流程模板管理、产品研发支持、制造过程监控、研发过程监控等模块。它的核心思想是辅助产品研发设计、实现生产过程监控，提高订单交付速度。

（3）用户交互层

用户交互层主要负责系统与用户的交互，目的是提供一个人机友好、清晰简明的图形化界面，方便用户的数据输入和数据信息获取。良好的界面设计直接关系到用户的工作效率和用户体验。

三层结构相互独立，通过相应的接口实现信息交互，设计清晰合理，实现系统的可配置性和可扩展性要求，降低系统运行维护的成本同时提高系统运行的性能。

产品研发支持系统包含基础数据管理、产品研发支持两个模块。基础数据管理模块用于产品研发支持，包括三个功能：产品信息管理、产品工艺管理和产品规范管理。产品研发管理模块包括研发案例库管理、研发需求管理、案例检索与匹配和研发方案管理。产品研发系统的目标是实现产品研发的辅助设计。基础数据管理模块中的产品信息、产品工艺信息、产品规范信息分别从产品的目录和产品的工艺文件和产品的通用规范中获取，并依据这些产品信息的更新对系统做出及时的维护。系统首先对研发需求进行管理，详细记录客户需求的基础信息及相关技术文档，技术员依据研发需求信息，从研发案例库中匹配出相关度较高的案例，将研发案例中与当前需求相关的方案设计匹配到当前的需求方案中，并依据产品规范信息对研发方案进行调整，形成最终研发方案，最后将研发方案提交审批，经审批后的研发方案可以进入历史案例库。研发过程依据工作流引擎驱动进行业务处理，从而实现研发进度的监控。系统功能模块如图 6-13 所示。

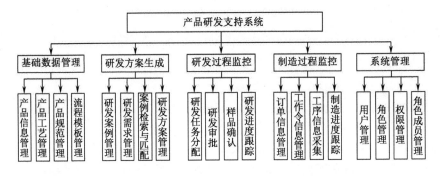

图 6-13　系统功能模块

应用实例

（1）基础数据管理

基础数据管理是构建产品基础数据库的关键，主要包含产品基础数据管理、标准规范管理、产品工艺数据管理。产品基础数据管理界面如图 6-14 所示，系统界面上半部分表示产品大类的基础信息，界面下半部分表示产品的明细信息，如产品名称、阻值精度、功率、阻值等。此外，选中一条产品明细，单击"信息绑定"按钮，可以将该产品与其对应的规范信息和工艺信息进行关联。该功能界面主要实现产品信息的增删改查，并将产品信息与产品工艺信息和规范信息进行绑定。

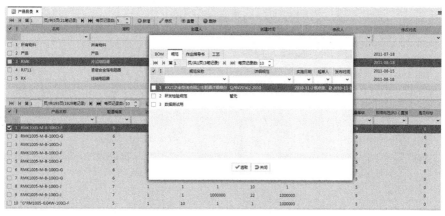

图 6-14　产品基础数据管理界面

　　产品标准规范管理分为三个层次：检验参数管理、检验项目管理和规范信息管理。检验参数管理界面如图 6-15 所示，主要对检验项目所需要的检验参数进行维护，检验参数主要包括参数名称、参数类型、参数单位等信息。检验项目管理界面如图 6-16 所示，主要对规范中的检验项目进行维护，界面上部分即检验项目的信息，包括检验项目名称、检验组别、检验要求等信息，界面下部分即检验项目所需要的检验参数。单击"添加参数"按钮即对检验项目的检验参数进行配置。规范信息管理界面如图 6-17 所示，主要对规范信息进行维护并对该规范所需的检验项目进行配置，界面的上部分进行规范信息维护，界面的下部分表示与规范相关的检验项目信息。选择需要配置的规范，单击"添加检验项目"可以对该规范进行检验项目的配置。

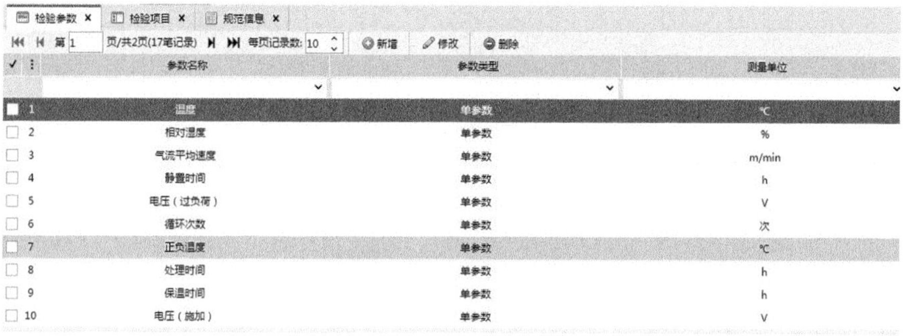

图 6-15　检验参数管理界面

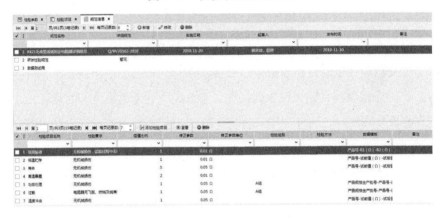

图 6-16　检验项目管理界面

图 6-17　规范信息管理界面

　　产品工艺信息管理与产品规范信息管理类似，分为三个层次：工艺参数管理、工序管理和工艺文件管理。工艺文件管理界面如图 6-18 所示，主界面对工艺文件信息进行维护，对话框中对工艺文件包含的工序信息及其工艺参数信息进行维护。

（2）研发方案生成

　　研发方案生成主要包括研发案例构建、研发需求管理、案例检索与匹配、研发案例管理四个方面的核心功能。

　　研发案例管理界面如图 6-19 所示，界面上部分表示研发案例的基本信息，如研发需求名称、客户名称、生产线、产品型号、阻值、阻值精度、温度系数、质量等级等。界面下部分表示当前研发案例的研发进度信息，记录研发关键节点的事件、附件、技术员、时间。单击"查看研发信息"按钮，则可以查看当前研发案例的研发方案信息，如图 6-20 所示，包括原材料清单、生产工艺、技术攻关内容、成品检验四方面的信息。研发案例来源于技术员的研发任务，技术员在完成一次研发任务后，会将研发过程中的基础信息、研发方案、试验数据以案例形式提交审批。科研所负责人单击"待审核案例"按钮即可查看需要审批的案例，通过单击"接收案例"或"拒绝案例"按钮完成案例审批。

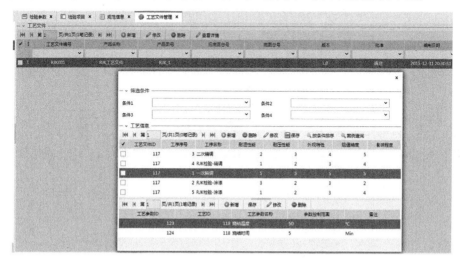

图 6-18　工艺文件管理界面

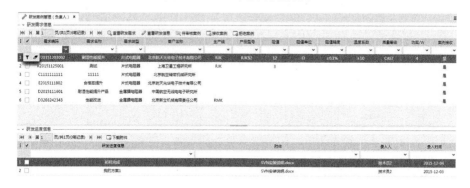

图 6-19　研发案例管理界面

（3）研发需求管理

研发需求管理界面如图 6-21 所示。市场部业务员根据客户需求录入研发基础信息，如研发需求名称、需求类型、客户名称、长期需求、客户等级等信息，并依据需求信息指定相应的研发部分，如研发一室、研发二室等。单击"保存（并启动流程）"，则该研发进入研发流程监控。

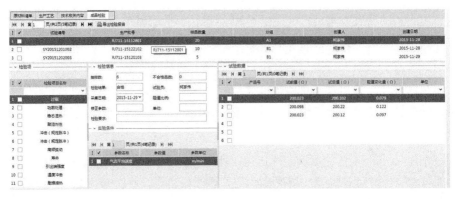

图 6-20　研发方案信息界面

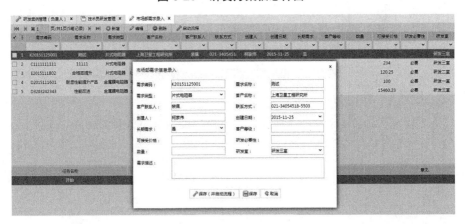

图 6-21　研发需求管理界面

（4）案例检索与匹配

技术员接收到研发任务后，首先基于研发案例进行案例检索，案例检索界面如图 6-22 所示，需求信息从研发需求管理中获取，工艺信息、材料与攻关信息需要技术员录入，单击"检索"按钮，系统将依据第 6.3.2 节的方法进行相似度计算，以案例的相似度倒序输出研发案例。

技术员单击"查看明细"按钮，可以查看研发案例的详细方案信息，包括原材料清单、生产工艺、技术攻关内容和成品检验信息，如图 6-23 所示。通过案例检索和案例信息查看，选择最合适的案例作为模板，单击"生成解决方案"按钮，从原材料清单、生产工艺、技术攻关内容、成品检验四个方面将案例中适合当前研发任务的信息匹配到当前方案，如图 6-24 所示。

图 6-22　案例检索界面

图 6-23　研发案例详细信息界面

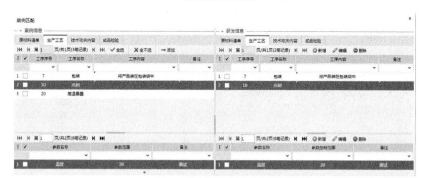

图 6-24　案例匹配界面

（5）研发方案管理

技术员在完成案例匹配后需要对研发方案做出适当的调整，研发方案管理界面如图 6-25 所示。原材料方面，依据客户提出的特殊需求选用合适的原材料，生产工艺方面主要通过客户对产品性能方面的要求在相关工序上对工艺参数进行严格控制。成品检验方面，主要通过产品所属的检验规范进行检验项目的增减，确保合适的检验来保证产品的质量，如图 6-26 所示。完成研发方案设计后，技术员进行样品研制，并在研制过程中详细记录研发过程的重要事件。

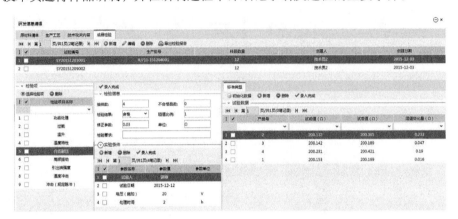

图 6-25   研发方案管理界面

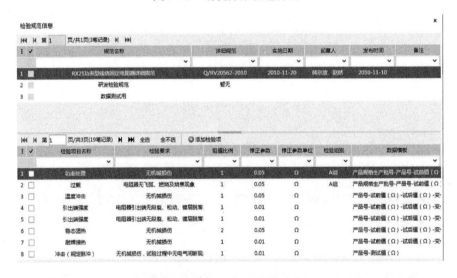

图 6-26   检验项目调整界面

（6）研发过程监控

研发过程监控主要是对正在进行的研发任务的进度跟踪，包含了研发任务分配/管理、研发方案审批、研制进度跟踪等活动。产品研发过程监控包括项目节点监控和研发节点监控。项目节点监控依据工作流技术的历史任务信息对研发项目进行任务节点的跟踪，实时跟踪研发项目当前的执行状态，并获取每个任务节点的处理人、处理时间、处理意见等信息。研发节点监控是指从研发人员开始进行产品研发方案设计到完成样品的监控，研发人员依据研发类型的不同实时更新研发进度。研发过程监控有利于监控每个研发项目的运行情况，推动研发的进度，及时发现研发过程中存在的问题，提高研发效率，从而缩短研发周期。

　　研发进度跟踪包括两个方面：研发整体进度跟踪和技术员研发过程跟踪。研发整体进度跟踪是指从研发需求录入到完成研发的全过程跟踪，其记录了研发整个过程中关键节点的名称、处理人、处理时间、处理意见等信息，如图 6-27 所示。

图 6-27　研发整体进度跟踪界面

　　单击"研发进度信息管理"按钮，即可查看技术员研发过程进度信息，如初样完成、检验报告完成等，界面如图 6-28 所示。

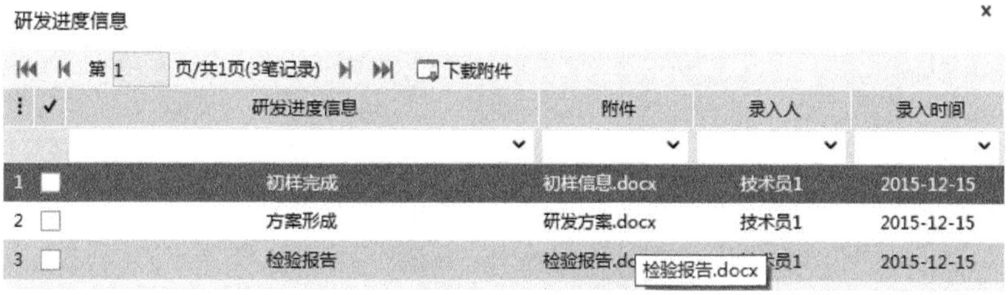

图 6-28　研发进度情况界面

核心观点　研发数字化转型核心需求在于实现工艺知识共享

- 企业的产品研发创新能力是实现个性化产品快速交付，提高客户满意度的重要保障。

- 构建研发基础数据库，实现工艺知识共享。

- 积累研发案例，借助案例推理技术助推产品创新。

- 产品研发支持系统——实现研发数字化转型与工业 4.0 研发创新。

第 7 章

制造能力——企业数字化转型的重新审视

对电子元器件企业而言，其数字化转型的过程是一种渐进式发展的过程，在这一过程中要持续推动电子元器件企业制造能力的提升，逐步到达与工业 4.0 相匹配的智能制造阶段。

对企业而言，工业 4.0 的实现意味着企业制造能力、产品质量、生产成本等全方位的优化。但如何表征制造能力，在企业数字化转型过程中企业制造能力与数字化的关系如何衡量，需要从深度和广度两个方面重新认识。

- 深度：数字化与制造能力融合的深度，即从企业的纵向职能看：研发、生产、供应、设备等数字化转型的逐层深入。
- 广度：数字化在企业运作过程中覆盖的广度，即从供应链视角看企业横向的协同：与供应商及客户的协同，如来自航天归零体系的客户约束。

1 制造能力及其提升路径

概念解析

Skinner 在 1969 年首次提出了制造能力的概念，同时指出制造能力的构成要素主要有成本、质量、交付时间等，并对各要素间的关系组成进行了说明。围绕 Skinner 提出的制造能力定义，众多学者开展了深入的理论与实践研究，从

不用研究视角给出了对制造能力概念的理解／定义。本书将其归纳为两个视角：宏观战略视角和微观实践视角，具体定义如表 7-1 所示。

- 宏观战略视角：主要对制造能力与企业绩效之间的关系进行研究，该方向的研究学者认为制造能力反映的是企业或制造系统实现预期任务目标的能力大小。

- 微观实践视角：主要对制造能力形成过程进行了分析，认为制造能力是企业运行过程中所涉及的各类资源集合，包括设备、软件及人力等资源，充分发挥各类资源的作用，从而产生新的价值，并最终体现在产品和服务中。

表 7-1　国内外关于制造能力的研究观点

研究视角	研究观点	提出者及提出时间
宏观战略视角	制造能力指企业或制造系统实现其预期目标要素的能力，预期目标要素主要包括成本、质量、交货时间、柔性等。此后部分研究者又在此基础上，增加了对服务、创新、环境等要素的考虑	Skinner(1969) Hayes, Wheelwright(1984) Ward(1985) Roth and Miller(1992) Sanfizadeh(2000) Corbett 和 Claridge(2002) Andreas(2010) Eloisa Diaz-Garrido(2011)
	制造能力反映的是制造过程中的基本专业能力，并指出了制造能力与制造竞争力的不同，制造竞争力反映的是制造绩效支撑战略目标的程度	Morgan Swink(1998)
	制造能力反映了完成制造目标的状况水平，是一个组织实现预先设定标准的绩效程度	Toni M. Somers(2003) Mattias Hallgren(2006)
	从能够实现低成本生产及高质量产品的角度，说明了制造能力与企业绩效的关系	Siri Terjeson(2011) A. Arafa(2011)
	制造能力是企业创新能力的核心部分，是企业把研发成果转化为满足市场需求、符合设计要求、能够得以成批生产产品的能力	官建成(2001)
	制造能力指以最小成本、最快生产速度生产出质量最好的产品的能力，包括研发成果从实验室转化为符合设计要求的批量产品能力	侯贵松(2004)

续表

研究视角	研究观点	提出者及提出时间
宏观战略视角	制造能力要素确定为低成本控制、质量改进、技术集成和产品集成、制造柔性和交货柔性、创新能力，并将制造能力的标准定为其影响制造绩效的方式和程度	郭海凤(2006，2008)
微观实践视角	制造能力是企业拥有的知识、经验和技能	Andreas(2006)
	制造能力指企业通过充分挖掘各类资源作用而产生新的价值，最终体现在产品和服务中	Leonard Barton(1992) Amit, Schoemaker(1993)
	制造能力指在企业运行过程中涉及的有形资源和无形资源合集，其中有形资源包括人力、设备，无形资源包括信息、企业文化、组织制造等	Keen(2000)
	制造能力是为实现一个任务或目标所涉及的各种资源要素的集合	K Hafeez (2002)
	加工能力指在加工过程中，利用各种资源元素（机床、材料等）来完成加工任务	Gindy et al.(1996) A. B. Kasoglu(2003)
	制造能力是制造资源为了支持企业活动的运行而提供的有关完成某一功能运行、操作、控制或处理的性能尺度	陈云(1996)
	制造能力资源分为有形能力资源和无形能力资源	赫京辉(2006)
	制造能力概念的四维模型，包括过程维、资源维、要素维和层次维	雷延军(2008)
	制造能力是制造企业为实现制造战略，对各种制造资源进行配置和使用，从而完成制造目标的各种活动要素的集合	程巧莲(2010)

综上所述，目前有关制造能力的研究从宏观角度上来说主要以定性分析为主，缺乏对制造能力的定量分析和描述；从微观角度上来说主要对制造能力构成要素进行分析，重点描述企业或资源的自身特性，缺乏对制造能力构成要素之间逻辑关系的分析与考虑。此外，还缺乏对制造能力形成过程的描述与分析，以及对该过程中所涉及的各类知识经验如何表示与共享问题的考虑。

如何提升制造能力？

制造能力提升路径是指企业为提升制造能力，结合制造能力构成要素而开展的一系列实践工作。制造能力的概念与相关模型被提出后，国内外众多学者针对制造能力提升路径这一问题开展了相关研究工作。

1984 年，Hayes 和 Wheelwright 首先提出"权衡"观点，即以"竞争优先权"理论，认为企业要在成本、质量、交付和柔性几个维度中做出选择，如果企业期望所有的维度都达到最好，最终的结果可能是每个方面都落后于竞争对手。

1985 年，Porter 提出的"竞争优势"理论，其"集中"的战略观点与"权衡"的战略观点不谋而合，Porter 同样认为企业需要"聚焦"。

但从 20 世纪 80 年代开始，日本企业的崛起挑战了权衡的观点，日本企业以丰田为代表通过实施 TQM、精益生产、JIT 等一系列改革，使得日本可以从各个方面都比欧美的企业做得更好，日本的企业可以在保证较低的价格提供高质量产品的同时还能做到产品的多样化。

1986 年，Schonberger 基于对日本、欧美企业的实践分析，提出了"世界级制造"的概念，并提出了新的制造能力提升方法。他指出，随着先进制造技术的广泛采用，全面质量管理（TQM）、精益生产和敏捷生产等制造实践的采用可以使得企业逐步消除权衡，同时提升多个维度的制造能力。通过对日本企业的调查，Nakane 在 1986 年提出了"累积模型"（Cumulative Model），认为某些制造实践可以提升多个方面的制造能力。Nakane（1986）进一步指出，制造能力的各项要素之间并非是权衡而是一种累积的关系，一项要素的提升可以为另一项要素的提升提供基础。

1990 年，Ferdows 和 De Meyer 对 Nakane 提出的累积模型进行了深化，进一步提出了"沙堆模型"（Sandcone Model），通过对纵截面的数据进行对比，他对制造能力权衡的观点提出了质疑，认为企业如果遵照一定的能力提升路径是可以消除制造能力要素间权衡的。

关于制造能力提升路径的研究，国内也有学者对其进行研究。李华山从企业制造战略选择的角度对制造能力提升做了相关的研究，他提出从传统的制造战略研究角度来看，制造能力要素间存在权衡，企业不能追求在所有要素上都领先于竞争对手。倪文斌等人（2003）应用聚类分析方法，对中国和日本制造企业的制造能力提升路径进行了分类研究。陆力斌等人（2007）则以 177 家欧洲制造企业为样本，采用聚类分析的方法对欧洲制造企业进行了制造战略分类研究，得到了三种不同的制造能力提升路径：创新导向、成本导向和质量导向。官建成（2004）则探讨了中国企业制造能力和创新绩效之间的关系，研究发现能提升制造能力的要素在提高企业的创新绩效方面起关键作用。郭海凤（2009）从企业资源的视角对资源与制造能力的转化过程和可能的结果进行了分析，提出了基于企业资源基础观的竞争战略模型。现有研究对质量和交货是其他能力提升的基础已经达成共识，争论的焦点在于企业究竟应该先开发柔性能力，还是先提高成本效率降低成本，以及创新等制造能力维度的拓展。

2　制造能力提升——数字化转型的核心需求

电子元器件制造能力现状

我国是元器件类产品的最大需求国和最大生产国，许多电子元器件产品如电阻器、电容器、云母电容器等的生产量和制造工艺已经具备较高水平。但随着航空航天、兵器、船舶等客户的产品质量要求的不断提升，以及市场竞争的不断加剧，使我国军用电子元器件生产商面临着严峻的挑战。

（1）电子元器件生产商整体制造能力不足

制造能力是在某一具体活动过程中产生，体现了一种对制造资源配置和整合的能力，反映了制造企业或制造实体完成某一任务及预期目标的水平，包含了制造全生命周期过程中的各类能力，如产品创新研发能力、系统设计与仿真能力、生产加工能力等。从我国军用电子元器件生产的现实情况看，电子元器件生产商恰恰缺乏这样对产品全生命周期过程各种能力的集成／整合，具体表现为企业难以掌握、控制、整合自身所拥有的生产资源与能力，企业内生产数据共享程度低、生产过程信息不透明，直接导致了企业内合同和订单的状态难以把握；面对不断变化的市场，订单的交货期也就缺乏保障。

（2）高可靠军用电子元器件的质量要求不断提高

随着航空航天等系统可靠性要求的不断提高，对电子元器件的质量要求也在不断提升。电子元器件的高可靠性不仅表现为单个元器件品质稳定，同样对企业的质量控制能力也有着严格的要求：要求企业有能力保持较高的产品合格率；另外，对产品质量也提出了可追溯的要求：要求电子元器件产品在供应商内的流转状态进行监控与追溯。

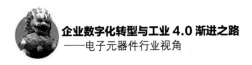
数字化转型新需求

随着装备竞争性采购以及定价方式改革，使全方位、多领域的军品科研生产竞争格局正在逐步形成。企业要想在激烈的竞争格局中取得有利和优势地位，企业制造的核心能力水平无疑是决定性因素。而信息化能力、智能制造能力则是企业制造的核心能力的重要体现。

核心制造能力的提高，意味着企业要在工艺过程的自动化水平、产品的质量稳定性等方面进行改进、提升，借助数字化手段增强底层生产过程的信息流动，提高生产计划与调度的适应性、灵活性，强化生产系统的柔性；数字化转型已经成为企业核心制造能力提升的重要需求。

面向智能工厂／智能生产的生产过程智能化需求，也对电子元器件生产商的数字化提出了更高要求。近年来，国防军工产品任务不断增加，新产品研制周期和批量生产转换周期明显加快，要求企业大幅度缩短零件工艺技术准备周期和零件加工周期，对质量控制和成本控制也提出了更高要求。同时，由于现代军工产品具有的高精确度、高可靠性与高复杂性等特点，其研制与生产需要多企业协作、快速响应，制造过程管理非常复杂，需要借助数字化手段提高制造过程管控能力。

面对来自内外部的要求与压力，电子元器件生产商如何提升制造能力成为企业发展的迫切需求。电子元器件生产商属于典型的离散制造行业，其生产组织方式灵活多样，既有按订单生产，也有按库存生产；既有批量生产，也有单件小批生产。在当前市场环境下，客户订购产品的个性化程度越来越高，且要求从合同签订到产品交货的时间不断缩短，如何保证订单按时交付的同时还要确保产品质量，已经成为该类企业当前生产管理的重点和难点，也是企业提升制造能力的努力方向，具体可以概括为以下四个方面。

① 订单管理方面，大部分电子元器件制造企业完全根据客户订单来安排和组织生产。有时为了方便经销商和客户，允许经销商或客户变更订单的品种和数量；有时为了满足重要客户的需求，需进行紧急插单。由于客户订单变更导致对生产系统的高度灵活性要求，生产过程控制难度增大。当生产线围绕订单进行不停切换时，往往也造成企业最终很难高效完成最迫切的订单。

② 计划管理方面，为了满足客户需求，经常需要提前进行生产计划安排。针对重要客户订单进行粗能力平衡和生产作业计划调整时，必须考虑订单的交货期、客户优先级、物料准备情况和各工序加工能力，其工作量非常大。

③ 生产过程控制方面，在生产计划制订之后，电子元器件企业生产管理核

心是依靠工作令卡向生产车间进行信息传递。每个工作令卡都对应着某个或者某几个订单。当有紧急插单情况时，已经下发生产现场的工作令卡就要处于暂停状态，转而优先执行紧急插单的工作令卡。这样一来，所有的生产信息全都分散在各个工序的工作令卡上，造成整个生产过程的不可控。

④ 质量管理方面，目前在电子元器件企业中质量管理的手段主要还是事后检验，依赖人工及时处理质量问题。质量数据采集自动化程序不高，通常是手工记录，发现质量问题后，处理周期长，追溯困难，实时质量控制力度有待提高。同时，对采集的质量数据利用率低，缺乏信息化手段使用这些数据进行质量分析，达到优化和改善质量的目的。

3　数字化与制造能力表征

数字化与制造能力的关系

国内外的学者们从各自研究的领域提出了多种对制造能力的影响要素，以及各种要素对制造能力影响的分析／评估方法。但数字化与制造能力之间的相互作用关系，尚未得到充分的重视，数字化作为独立要素对制造能力的影响还有待深入。目前，有学者将企业数字化能力构建看作是战略选择的一种方式，主要研究了企业战略选择对制造能力的影响关系；也有学者将企业数字化要素看作是企业的一类资源，将数字化资源与其他资源一起构成广义上的资源概念，并研究了资源与制造能力的影响关系；还有学者从竞争优势的角度分析了制造能力内在要素间的相互作用关系，而数字化水平是其制造能力的一种体现。因此，为探究数字化对制造能力的影响及其作用关系，构建如图 7-1 所示的数字化与电子元器件制造能力关系模型，并做出如下假设。

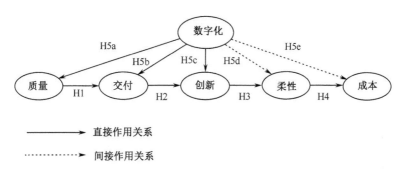

图 7-1　数字化与电子元器件制造能力关系模型

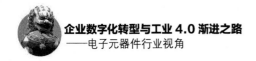
（1）假设 H1：质量保障能力的提高对交付能力的提高具有直接的正向影响

在众多学者的研究中，制造和交付能力都是制造能力的基础，而创新则被认为是一种"终极能力"。Hallgren 等（2011）指出，对所有的企业，质量和交付都是获取订单的关键要素，因此企业应最先提升质量能力和交付能力，在此基础上提升其他制造能力。在 Noble（1995,1997）所提出的制造能力"金字塔模型"中，创新能力被放在金字塔的顶端。而交付的前提是产品质量保障，因此，提高制造质量保障能力对于提升交付能力具有直接的正向影响。

（2）假设 H2：制造企业中交付能力的提升对创新能力的提升具有正向影响

随着经济全球化和网络技术的发展，电子商务等手段使客户对产品的选择途径愈加便捷、客户对产品的个性化需求愈发显著，由此导致企业面临着越来越大的产品创新压力。企业不仅仅需要高质量的制造产品，更重要的是要比竞争对手更快地引入新产品，交付速度的提升可以缩短产品的制造提前期，加快新产品的市场投入速度。因此，交付能力的提升对产品创新能力的提升具有正向影响。基于此，提出假设 H2。

（3）假设 H3：制造企业中创新能力的提升对柔性能力的提升具有正向影响

在制造战略研究中，制造柔性用于衡量企业灵活满足市场产品品种和产量变化的能力，新产品的上市时间是制造柔性的一个重要的测量指标，而 White 等认为，产品创新独立于制造柔性之外，是制造能力的一个独立的维度。Banbury 和 Mitchell（2007）指出，产品创新是制造企业品种柔性的前提，通过产品创新能力的提升，企业可以提供更丰富的产品选择，在客户需求变化时可以快速开发新产品来适应这种变化，因此产品创新对制造柔性具有正向的影响。基于此，提出假设 H3。

（4）假设 H4：柔性能力的提高对成本效率的提高具有直接的正向作用

传统的制造战略研究认为柔性与成本效率之间存在权衡，Hallgren 等（2011）指出，对标准产品来说，成本是获取订单的关键要素，需要大规模高效率的流水线生产；而对专有产品来说，柔性则是订单赢得要素，因此设计多品种小批量的方式生产，因此，企业要在低成本和高柔性之间权衡。但在制造企业中，降低成本的一个重要来源是降低库存，制造柔性的提高意味着企业从为库存而生产（Make to Stock）的方式向为订单而生产（Make to Order），产品的库存会大大减少，避免企业因市场变化而导致的库存损失，因此，柔性能力的提升也可以提升成本效率。一些日本企业提供了现实的案例，通过实施先进制造技术，这些企业可以在实现低成本的同时提供比竞争对手更多样化的产品。基于此，提出假设 H4。

（5）假设 H5：数字化对质量、交付、创新具有直接正向效应，而对柔性与成本产生的是间接正向效应

在对军用电子元器件生产商的调研过程中，军用电子元器件生产商在数字化规划与建设过程中，生产订单的跟踪与生产管理常为企业数字化规划的第一层次。同时基于专家调研意见，认为数字化对于质量保障能力、制造交付能力具有直接的正向直接效应。在生产制造管理的基础上，军用电子元器件生产商将产品研发常作为企业数字化规划第二层次中的要点。基于此，认为数字化对产品创新有着正向直接的影响作用。对于柔性与成本要素，调研结果显示数字化对这二者均有正向促进作用，但常常是通过影响质量保障、产品交付、产品创新等要素间接影响二者能力，因此，假设数字化对制造柔性能力和成本控制能力具有间接正向促进作用。

① H5a：数字化对质量保障能力产生直接正向效应；

② H5b：数字化对制造交付能力产生直接正向效应；

③ H5c：数字化对创新能力产生直接正向效应；

④ H5d：数字化对制造柔性产生间接正向效应，且该间接效应要强于两者间的直接影响作用；

⑤ H5e：数字化对成本控制能力产生间接正向效应，且该间接效应的影响要强于两者间的直接效应。

制造能力表征指标

影响制造能力的因素多种多样。电子元器件生产商从事生产制造活动时，受到企业内部与外部诸多因素的约束限制。这些限制因素有的来自外部采购商，要求完全保证产品质量的可追溯性；有些来自组织内部，要求在保证生产效率的同时制造柔性较高。由于制造能力反映的是组织内部特定时间段内的能力状态，因此，组织内部制造能力的研究是一个持续不断的过程，组织制造能力的模型需要不断更新与修正。本节从我国军用电子元器件生产商的生产活动实际需求出发，给出表征军用电子元器件制造能力的指标体系，并对指标体系的有效性进行检验。

电子元器件生产商受内外部因素的影响对制造能力的要求主要分为五个方面：质量保障能力、成本控制能力、柔性反应能力、交货保障能力以及创新能力，这些要素下还包含具体的二级指标，如表 7-2 所示。

表 7-2 制造能力指标体系及量化方法

项目	编码	指标名称	指标含义	量化方法
质量	MC1	制造一致性	生产在性能上保持一致	
	MC2	产品质量	产品的质量性能	
成本	MC3	单位制造成本	单位制造成本控制情况	当前时间下，企业该项目上的能力水平：
	MC4	采购成本	采购成本控制情况	
	MC5	间接成本	间接成本控制情况	
柔性	MC6	产品客户化定制能力	产品根据客户要求定制化的能力	1 水平很差 2 水平较差
	MC7	产品产量柔性	产品制造产量的灵活性	3 水平一般
	MC8	产品组合柔性	产品组合的灵活性	4 水平较好
交货	MC9	交货速度	产品交货的速度	5 水平良好
	MC10	交货可靠性	产品交货的准确、可靠	
创新	MC11	产品上市时间	产品上市的周期	
	MC12	产品创新能力	产品创新速度、效果	

根据图 7-1 所示的数字化与电子元器件制造能力关系模型，研究数字化对制造能力的影响、作用关系，除了要定义制造能力的表征指标体系，还需要给出数字化的表征指标。GB/T 31131—2014《制造业信息化评估体系》以及中国国家信息化指数（NIQ），是对信息化情况评估的较为权威的体系。GB/T 31131—2014 将信息化水平分为四个考察方向：信息化普及度、信息化融合度、信息化效能度以及信息化环境。其中，信息化普及度是指信息化的战略地位以及信息化人财物的投入力度；信息化融合度是指信息化与企业业务流程的融合程度；信息化效能度是指信息化对企业绩效的提升程度；信息化环境是指企业信息化氛围。而 NIQ 指数主要从应用指数与支持因素指数两方面对国家信息化水平进行评

估，应用指数主要描述信息化资源投入力度、硬件建设水平、技术应用层次以及产业发展状态与潜能；支持因素指数主要是指信息化人才队伍建设以及信息化政策法规现状。

　　根据以上分析，结合文献回顾与专家调查，形成如表 7-3 所示的数字化对电子元器件制造能力影响的表征指标体系。

表 7-3　数字化对电子元器件制造能力影响的表征指标体系及量化方式

项目	编码	指标名称	指标含义	量化方式
信息化	IN1	信息化硬件配置水平	信息化硬件的性能水平（如服务器性能、企业内局域网建设情况）	在当前时间下，企业在该项目上的能力水平： 1 水平很差 2 水平较差 3 水平一般 4 水平较好 5 水平良好
	IN2	信息化软件配置水平	信息化软件的配置完备情况（如采购部署 ERP、OA 等系统）	
	IN3	信息化技术应用层次	信息系统的使用层次	
	IN4	流程梳理能力	企业在信息系统的指引下完成流程梳理的能力	
	IN5	流程再造能力	企业在信息系统使用过程中发现流程不足并随时修正的能力	
	IN6	制度创新能力	企业依靠信息化技术发现自身制度不足并随时对不足进行补强的能力	
	IN7	技术创新能力	企业依靠信息化技术实现技术创新的能力	

信度与效度检验

　　为进一步验证我们提出的数字化与制造能力的表征指标体系的合理与准确性，需要对指标体系进行信度与效度验证。通过调查问卷对国内主要军用电子元器件进行问卷调研、采集数据，组织企业内相关部门进行数据调研，以确保调研数据的可靠性。调查问卷共发放 160 份，收回 160 份，问卷回收率 100%；剔除无效问卷 2 份，采用 158 份，问卷采用率 98.75%。

（1）信度检验

　　信度用来测量调查数据与结论的可靠性，是对测量的稳定性和一致性而言的。一般的信度检验包括外在与内在两类，外在信度检验主要采用重测信度指标，即对同一研究对象在不同时间使用同一指标体系重复测量，而后计算结果的一致程度。由于受到研究对象反复调研条件的限制，一般情况下都采用内在信度检验。内在信度用来测量指标体系是否测量的是同一概念，即问题的一致性。内在信度分析采用克朗巴哈 α 系数作为评价指标，一般而言克朗巴哈 α 系数高于 0.6 时就可接受，如在 0.8 以上，就可认为指标体系有较高的内在一致性。

（2）效度检验

效度是指指标的正确性程度，即测量工具的确能测出对象的真正特质。根据问题性质，我们主要以结构效度检验为主，其中，采用 KMO（Kaiser-Meyer-Olkin）值、巴特利特球体检验、累积贡献率和因子负荷值表征指标体系的结构效度。KMO 是 Kaiser-Meyer-Olkin 的取样适应性量数，和巴特利特球体检验值共同描述指标体系母群体的相关矩阵是否存有共同因子，是否适合进行因素分析。一般认为 KMO 大于 0.5，巴特利特统计数据的显著性概率 p 小于 0.05 则说明适宜进行因子分析；累计贡献率反映公因子对量表的累积有效程度，一般认为累积贡献率应超过 50%方可接受；因子负荷反映原变量与某个公因子的相关程度，一般认为因子负荷的绝对值在 0.3 以上可接受，0.4 以上为显著，0.5 以上为相当显著，本书中选择大于 0.4 才可接受。对于指标体系的验证性因子分析，首先对指标体系的变量进行结构效度检验，结果显示数字化指标体系的 KMO 值为 0.897 > 0.5、$p < 0.01$，制造能力指标体系的 KMO 值为 0.902 > 0.5、$p < 0.01$，满足显著性水平检验的要求，表明适合作因子分析，而后进行主成分分析，再将分析结果以方差最大法进行旋转，选取出特征值大于 1 的因子。将旋转后的因子负载绝对值大于 0.4，且该因子与其他因子间的负载差值大于 0.2 的变量归为一类。数字化指标体系信度与效度分析结果如表 7-4、表 7-5 所示。

表 7-4　样本数据数字化指标体系信度分析

项目	克朗巴哈 α 系数
数字化	0.817

表 7-5　样本数据数字化指标体系效度分析

因子及变量名称		因子负载	
		1	2
		资源	
IN1	信息化硬件配置水平	0.727	0.114
IN2	信息化软件配置水平	0.846	0.011
IN3	信息化技术应用层次	0.836	0.350
IN4	流程梳理能力	0.819	0.023
IN5	流程再造能力	0.525	0.017
IN6	制度创新能力	0.677	0.037
IN7	技术创新能力	0.847	0.127
特征值		3.016	0.571
方差稀释比例		67.90%	8.06%
累计方差稀释比例		—	75.96%

从表 7-5 中可以看出，根据特征值大于 1 可以选出一个因子，方差稀释比例为 67.90%＞50%，且负载因子值均大于 0.4，满足因子选择需要，将其命名为"数字化水平"。

样本数据制造能力指标体系信度分析结果如表 7-6 所示，各类指标的信度都在 0.6 以上，质量、成本要素在 0.8 以上，所以该指标体系满足信度检验要求。

表 7-6　样本数据制造能力指标体系信度分析

项目	克朗巴哈 α 系数
质量	0.817
成本	0.803
柔性	0.798
交货	0.786
创新	0.783

样本数据制造能力指标体系效度分析结果如表 7-7 所示。

表 7-7　样本制造能力指标体系效度分析

因子及变量名称		因子负载				
		质量	成本	柔性	交货	创新
MC1	制造一致性	0.695	0.017	0.096	0.027	0.003
MC2	产品质量	0.840	0.034	0.064	0.069	0.145
MC3	单位制造成本	0.112	0.818	0.117	0.017	0.056
MC4	采购成本	0.058	0.862	0.094	0.028	0.001
MC5	间接成本	0.137	0.770	0.036	0.159	0.019
MC6	产品客户化定制能力	0.049	0.078	0.709	0.074	0.057
MC7	产品产量柔性	0.056	0.039	0.838	0.086	0.199
MC8	产品组合柔性	0.067	0.058	0.716	0.0.39	0.204
MC9	交货速度	0.031	0.140	0.074	0.852	0.075
MC10	交货可靠性	0.084	0.119	0.049	0.831	0.038
MC11	产品上市时间	0.092	0.080	0.051	0.007	0.898
MC12	产品创新能力	0.137	0.087	0.132	0.189	0.801
特征值		2.087	1.098	2.170	2.926	1.975
方差稀释比例		17.04%	16.79%	15.68%	15.27%	15.43%
累计方差稀释比例		—	—	—	—	80.21%

　　从表 7-7 中可以看出，根据特征值大于 1 可以选出五个因子，累积方差稀释比例为 80.21% > 50%，且负载因子值均大于 0.4，满足因子选择需要。而且从分析结果来看，12 个指标因素可以分为 5 大类，MC1 ~ MC2 围绕制造质量展开，MC3 ~ MC5 围绕制造成本展开，MC6 ~ MC8 围绕制造柔性展开，MC9 ~ MC10 围绕交货能力展开，MC11 ~ MC12 围绕制造创新能力展开。因此，可将归纳出的五类因子分别命名为质量、成本、柔性、交货和创新。

4　制造能力度量与验证

模型构建

　　数字化对提高电子元器件制造能力的路径包含两类 6 个度量模型，两类分别为数字化和制造能力，数字化类只包含 1 个度量模型：信息化，制造能力具有 5 个度量模型：质量、交付、创新、柔性与成本如图 7-2 所示。这 6 个度量模型分别设计 19 项指标（从调查问卷中选取的指标）和 6 个因子（从因子分析中提取的公因子）。

此外，上述模型中还包含有 9 条单向的影响路径，包括数字化对制造能力各项因子的影响关系，以及制造能力内部因子间的影响关系。这些关系使用单箭头表示，表示自变量向因变量的影响程度。

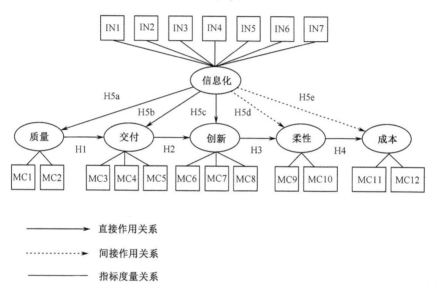

图 7-2　基于数字化的制造能力度量与路径模型

上述模型给出了影响关系假设，但是每一项影响关系是否成立、影响程度如何还不确定。为此，可以通过结构方程模型方法验证假设是否成立，进而得出数字化对提高电子元器件制造能力作用的量化评估结果。

结构方程模型

结构方程模型（Structural Equation Modeling，SEM）是对路径分析、因素分析、多元回归等一般线性模型的扩展。SEM 方法通过假定一组隐性变量之间存在的因果关系，而后再用一组显性变量对隐性变量进行表示，通过验证显性变量之间的协方差，估计出线性回归模型的系数，从而以统计学的方法检验假设是否合理。因此，SEM 在处理一些经典统计方法不善于解决的问题时表现出良好的适应性，并具有以下特点。

① SEM 方法可以同时处理多组因变量：传统方法在做回归与路径分析时，

采用对每个因变量逐一进行计算的方式给出结论，本质上忽略了其他因变量对该变量的影响。

② SEM 方法允许变量的测量存在误差：在一般的调研活动中，有些要素（如态度、行为等）受被试主观意愿影响较大，存在的误差也不可避免。SEM 方法允许这些变量由其他变量去测量，并采用路径强度的概念对这种误差的大小进行描述。

③ SEM 方法能对整个模型的拟合程度做出说明：SEM 方法综合了路径分析与因子分析两类方法，除去传统模型中给出的一些变量间关系的估计，还可通过设计不同的模型对用一个样本数据进行拟合，最后得出最优拟合结果。

采用结构方程模型方法进行分析时，一般要遵循的步骤如下。

（1）建立理论模型

基于对研究对象的调研观察，以正确的理论为基础，建立描述研究对象的理论模型是运用结构方程模型方法的基础。理论模型是对研究对象的描述，是整个研究的重点，结构方程模型是研究该理论模型的方法性工具。

（2）建立假设关系

为了描述理论模型研究对象内或研究对象间的关系，可以形成一些假设用以将理论模型过渡到统计模型。假设一般有两种类型：一类是观察指标与潜在指标关系的假设；另一类是潜在变量或观察指标因果关系的方向和属性的假设。

（3）模型识别

模型识别是指将构建的理论模型与假设关系构建成符合结构方程模型方法要求的过程。模型可识别的一个必要非充分条件就是模型的自由参数不能多于观察数据的方差和协方差的总个数。要想被结构方程模型识别还需满足的另外一条必要条件是必须为模型中的每个潜在变量建立一个测量尺度。满足以上两点也还是可能产生模型识别的问题，这就要依据计算参数的方法来决定模型是否可被识别。

（4）模型数据抽样与测量

对模型进行识别性检验后，研究人员就可依据设定的指标进行测量，用以进行模型分析。

（5）模型参数估计

模型参数估计的过程也可称作模型拟合。传统回归中通常使用最小二乘法来拟合模型，在这种方法中目标是求参数使得残差平方和最小。但结构方程模型的参数估计中，方法追求的是尽量缩小样本方差协方差值与模型估计的方差协方差值间的差异，也就是说结构方程模型方法是从总体上来考虑模型的拟合优度的。

（6）模型拟合度估计与模型修正

拟合度估计就是采用一定的拟合指标考察数据与模型的拟合程度。如果模型拟合度没有达到研究需求，就需要对模型进行修正使得数据与模型的拟合程度更加让人满意。

（7）模型评价

模型评价就是在已有的证据和理论范围内，考察所提出的模型是否能最充分地对观察数据做出解释，是结构方程模型不可或缺的一步。

模型验证

（1）数据获取与校验

根据结构方程模型的基本规则：要使结构方程模型为恰好识别和过度识别，应当遵守的一个原则就是 $\lambda \leq n(n+1)/2$，其中 λ 为估计的参数项目，n 为显在变量的数目。因此，在使用 Amos 软件进行结构方程模型计算求解时，如果上述关系不能满足就会提示自由度为负值，无法执行。数字化与电子元器件制造能力关系模型的变量和数量如表 7-8 所示。

表 7-8 数字化与电子元器件制造能力关系模型的变量和数量

变量	数量
显在变量	19
估计的参数项目（自由参数）	52

将表 7-8 中数据代入计算 λ =52 < 19(19+1)/2=190。因此，数字化与电子元器件制造能力关系结构方程模型是过度识别的，具备模型识别条件。

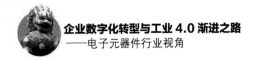

通过对北京地区电子元器件企业的调研，共发放问卷 320 份，收回 189 份，回收率 59.1%。问卷除了对制造商进行区别，同时还对制造商内部的部门做了区分，最终进行了依据制造商与制造部门划分的调研。对数据和模型进行拟合度评价检验前，需对数据进行一些检验。主要采用正态性检验方法对数据的偏度与峰度值进行了检验，检验结果如表 7-9 所示。

表 7-9　正态性检验结果

指标	最小值	最大值	偏度值	峰度值
IN1	1	5	-0.668	0.219
IN2	1	5	-0.017	0.443
IN3	1	5	-0.328	-0.369
IN4	1	5	-0.964	-0.017
IN5	1	5	-0.117	0.210
IN6	1	5	-1.028	-1.032
IN7	1	5	0.207	-0.947
MC1	1	5	-0.584	-0.653
MC2	1	5	-0.632	0.663
MC3	1	5	-0.845	-0.798
MC4	1	5	0.856	-0.498
MC5	1	5	-0.467	0.569
MC6	1	5	0.789	1.187
MC7	1	5	-0.632	0.687
MC8	1	5	-0.578	-1.136
MC9	1	5	-0.987	-0.697
MC10	1	5	-0.698	-0.568
MC11	1	5	-0.753	0.778
MC12	1	5	0.469	-0.697

结果显示，研究数据的偏度与峰度值的范围在+2 和-2，满足正态分布的要求。之所以要进行数据的正态分布分析，是因为结构方程模型对数据的分布特征相当敏感，特别是违背多元正态性或者数据有很高的峰度值和偏度值时。但从计算结果来看，数据满足结构方程模型的要求。

（2）模型拟合系数

计算模型的拟合度指数是验证性分析的重要步骤，模型对观测数据拟合性好说明模型的有效性得到了验证，参数估计结果是可信的。复相关平方值 R^2 表明了潜在变量对观察变量方差的解释程度，即表示观察变量变化时变化量的多少可以用潜在变量来解释。表 7-10 给出了模型中可观测变量的复相关系数平方值的计算结果。

表 7-10　可观测变量的复相关系数平方值

潜在变量	可观测变量	R^2
数字化	IN1	0.615
	IN2	0.687
	IN3	0.561
	IN4	0.534
	IN5	0.501
	IN6	0.551
	IN7	0.503
质量	MC1	0.415
	MC2	0.522
成本	MC3	0.632
	MC4	0.502
	MC5	0.620
柔性	MC6	0.584
	MC7	0.569
	MC8	0.554
交货	MC9	0.581
	MC10	0.481
创新	MC11	0.489
	MC12	0.697

从计算结果来看，对于数字化要素来说，影响作用最大的两个指标为"数字化硬件配置水平（IN1）"（R^2=61.5%）与"数字化硬件配置水平（IN2）"（R^2=68.7%），且数字化对其他五个要素的影响程度均较高（稀释比例均在 50%

以上）。对于质量要素来说，影响较大的指标是"产品质量（MC2）"（R^2=52.2%）；对于成本要素来说，影响最大的指标是"单位制造成本（MC3）"（R^2=63.2%）；对于柔性要素来说，影响最大的指标是"客户化定制能力（MC6）"（R^2=58.4%）；对于交货要素来说，影响最大的指标是"交货速度（MC9）"（R^2=58.1%）；对于创新要素来说，影响最大的指标是"产品创新的速度与效果（MC12）"（R^2=69.7%）。

除了以上所列的 R^2 值以外，质量、成本、柔性、交货和创新五个要素对制造能力的 R^2 值分别为 0.521、0.532、0.621、0.449、0.476，表明制造能力对上述五个变量的影响均在 50% 左右。结合整体 R^2 值，大部分 R^2 值较高，说明模型中各项变量的解释力度很好，模型的拟合具有较好的效果。

（3）拟合评价指标

除了对指标间关系的紧密程度进行评价外，还需对模型的整体拟合情况进行评价。采取的评价指标包括如下几类：

① 卡方值与自由度的比值（x^2/df），该值应在 1～5 范围；

② 比较适配度指标（Goodness-of-Fit，GFI），拟合优度指数处于 0～1，但大于 0.9 表明拟合良好；

③ 基准化适配度指标（Normal Fit Index，NFI），该值以接近 0.9 为好；

④ 渐进残差均方和平方差（Root-Mean-Square Error of Approximation，RMSEA），该值最大不超过 0.08 为优；

⑤ 均方根残差（Root-Mean-Square Residual，RMSE），该值越小越好，以不超过 0.08 为好。

由 AMOS 计算后，得到的计算结果如表 7-11 所示。

表 7-11　数据与模型拟合度检验

拟合度评价指标	临界值标准	模型指标
x^2/df	1.0～5.0	3.597
p 值（显著性水平）	0.05	0.000
RMSE	0.8	0.022
GFI	0.9	0.847
NFI	0.9	0.833
RMSEA	0.08	0.071

（4）结果与评价

评判结构方程模型是否具有较高可靠性的方法主要有两类：一是观察 C.R 值，也就是 *t* 值，当 *t* > 1.96 时，就可认为该路径在 *p* 水平下，模型与数据的偏差较小可以认为数据与假设具有较好的拟合度；二是观察标准化后的路径系数估计，该值绝对值处在 0 ~ 1，该绝对值越靠近 1，越认为针对该条件的参数估计越准确。得到的模型系数估计结果如表 7-12 所示。

表 7-12　模型系数估计结果

假设	路径			未标准化路径系数估计	S.E	C.R	*p*	标准化路径系数估计
H5a	质量	←	数字化	0.401	0.045	8.911	***	0.417
H5b	交付	←	数字化	0.434	0.057	7.614	***	0.403
H5c	创新	←	数字化	0.529	0.089	5.944	***	0.566
H5d	柔性	←	数字化	0.221	0.082	2.695	**	0.289
H5e	成本	←	数字化	0.123	0.047	2.617	**	0.164
H1	交付	←	质量	0.912	0.043	21.389	***	0.878
H2	创新	←	交付	0.5	0.1	4.988	***	0.569
H3	柔性	←	创新	0.635	0.201	3.159	***	0.653
H4	成本	←	柔性	0.756	0.156	4.846	***	0.846
IN1		←		0.727	0.156	4.660	***	0.748
IN2		←		0.846	0.234	3.615	***	0.851
IN3		←		0.836	0.311	2.688	**	0.847
IN4		←	数字化	0.819	0.213	3.845	***	0.843
IN5		←		0.677	0.123	5.504	**	0.631
IN6		←		0.847	0.361	2.346	***	0.816
IN7		←		0.762	0.259	2.942	***	0.799
MC1		←		0.695	0.267	2.603	***	0.657
MC2			质量	0.840	0.197	4.264	**	0.837
MC3		←		0.818	0.235	3.481	***	0.805
MC4		←	成本	0.862	0.215	4.009	***	0.833
MC5		←		0.770	0.159	4.843	**	0.732
MC6		←		0.709	0.334	2.123	***	0.707
MC7		←	柔性	0.838	0.365	2.296	**	0.853
MC8		←		0.898	0.263	3.414	**	0.892

续表

假设	路径		未标准化路径系数 估计	S.E	C.R	p	标准化路径 系数估计
MC9	←	交货	0.801	0.396	2.023	***	0.832
MC10	←		0.831	0.268	3.101	**	0.877
MC11	←	创新	0.898	0.401	2.239	***	0.898
MC12	←		0.801	0.265	3.023	**	0.827

注：* $p<0.1$；** $p<0.05$；*** $p<0.01$；不同的*代表显著性水平不同；C.R 值即为 t 值。

依据以上的分析标准，从表 7-12 的计算结果来看，数字化对质量、成本、柔性、交付以及创新的路径均是由数字化指向以上五类要素，且每条路径的 t 值，在 $p<0.05$ 或 $p<0.01$ 的水平下均大于 1.96，说明前文所做的假设是成立的，数字化对以上五类要素均有正向的促进作用。但需要指出的是，观察 H5d 与 H5e 假设对应的检验数据，两条记录的置信水平较低，且标准化路径系数较小。但数字化通过数字化→创新→柔性的路径对柔性产生影响时，两者的相关为 0.566 × 0.653=0.369 > 0.289，说明数字化通过创新间接产生的对柔性的影响要强于数字化直接对柔性的影响；而对于成本来说，当数字化通过数字化→创新→柔性→成本的路径对成本进行影响时，两者的相关为 0.566 × 0.635 × 0.846=0.319 > 0.164，说明数字化通过间接路径对成本的影响能力大于数字化对成本的直接影响能力。前文的假设全部得到证明，说明假设是正确的，前文基于数字化的军用电子元器件生产商的制造能力模型具有有效性。

表 7-12 不仅对模型中的假设做了证明，同时也对各显在变量对潜在变量的关联程度做了数据上的分析。可以看出在可接受的 p 值水平下，各潜在变量对现在变量的相关程度都可以接受。

制造能力度量结果分析

数字化对电子元器件制造能力会产生何种影响，其中数字化用 7 个可观测的变量表示，制造能力分为 5 类 12 个要素表示。通过基于结构方程模型方法的计算，结果显示数字化对制造质量的保障能力的影响系数为 0.417（$p<0.01$）；数字化对交货能力的影响系数为 0.403（$p<0.01$）；数字化对创新能力的影响系数为 0.566（$p<0.01$）；数字化对柔性与成本的直接影响系数分别为 0.289（$p<$

0.05）和 0.164（$p < 0.05$）。结果表明企业数字化对制造能力的影响是具有显著意义的。虽然数字化对柔性与成本的影响结果通过了 t 值的检验，说明数字化对两者有直接的正向影响，但通过对间接影响系数的计算，发现数字化通过其他制造能力要素对两者的影响能力更强，所以数字化对柔性与成本有直接的正向影响，但这种影响的影响能力小于数字化对两者间接影响的影响能力。至此，前文所做出的假设全部得到了验证，数字化的确对制造能力有着正向的促进作用，并且数字化对不同的制造能力要素的影响能力并不相同。

从上述分析中可以看出，关于制造能力模型的 5 个假设以及各自的子假设都得到了验证。数字化作为影响制造能力的关键要素，企业可以依据自身发展需要，制定量体裁衣的数字化发展路线，以及在数字化实施过程中积累技术、技能、知识和能力，即制造能力，它不易被模仿，并具有价值性的特点。

同时，数字化在提升电子元器件生产商制造能力时，对质量保障、产品交付、产品创新具有强烈的直接正向促进影响，对柔性和成本具有较低的直接正向促进，反而数字化对两者的间接正向促进具有更强的影响能力。因此电子元器件生产商选择自身数字化发展战略，需要从提升制造能力的角度考虑时，应首先考虑能直接提升质量保障、交付和创新能力的数字化发展战略，而后利用三者对柔性和成本的促进作用，使得数字化间接地提升以上两种能力。

数字化转型之典型应用⑥——数字化助推制造能力提升

提升军用电子元器件制造能力是一个综合性的研究课题，数字化转型无疑是解决企业制造能力不足的有效手段。企业数字化转型从起步到进阶、提升和拓展体现了制造能力提升的具体路径及发展阶段。在转型过程中，除了上述从技术视角的改造提升，也需要管理革新。我们以多年合作的北京 718 厂的制造能力提升项目为背景，从企业质量保障能力、成本控制能力、柔性反应能力、交货保障能力和创新能力等角度，基于企业技术改造和管理革新，建设面向制造能力提升的生产过程可视化系统，实现企业数字化转型支持下的制造能力提升如图 7-3 所示。

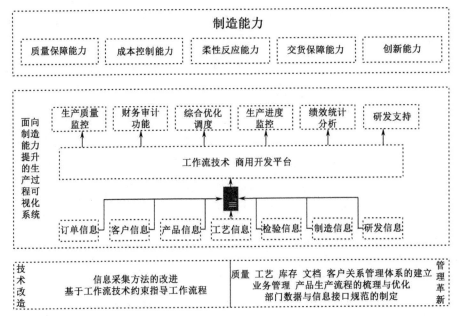

图 7-3　技术改造与管理革新并行的制造能力提升

第一阶段，选取典型生产线进行生产可视化项目重点推进，为企业内树立应用模板，为项目的全面实施奠定基础；第二阶段，生产可视化应用到全部生产线，梳理优化生产流程，整理企业产品生产基础数据，使得企业内生产过程达到可控状态；第三阶段，横向扩展系统，系统逐步覆盖产品生产的上游与下游，将产品的原材料采购与管理，以及库存管理纳入系统，使得产品物料与财务核算更为准确；第四阶段，纵向扩展系统，将产品研发试验过程纳入系统，形成基础产品数据库、工艺数据库、试验数据库，依托大量的数据进行知识的获取，对企业的战略实施提供高效支持。

管理革新

在提升企业制造能力过程中，管理革新是极为重要的一环。在项目实施期间，开展了卓有成效的管理革新。首先，精益化生产在每个员工思想里根深蒂固，企业员工开始思考自己的工作如何更高效地完成，这样的一种氛围也使得员工自主创新能力不断提高，来自生产线的好点子越来越多；其次，产品的质量意识得到强化，企业员工开始主动接触新的质量管理方法。统计过程控制（SPC）方法、质量功能展开甚至是大数据分析，这些概念逐步渗透到员工的日常行为中，产品质量数据化表示成为企业的一项重要规则；最后，财务观念不断加强。由于绩效考核方法的改革以及信息化手段的有力支撑，越来越多的产品、订单、合同开始从成本核算的角度进行度量，而原材料、库存的管理则从资金流的角度进行原材料的采购与库存的调整。

技术改造

技术改造是另一个基础性的工作。技术改造就是要从根本上改变传统的数据采集、分析、汇总和管理的媒介与方法，采用计算机技术代替传统的以纸质单据为核心的管理方法。项目实施前，因为缺乏有效的管理方法与工具，企业很难对订单的当前状态进行追溯与跟踪，企业的交货保障能力、柔性反应能力甚至质量保证能力都严重不足。而在整个项目的实施过程中，通过对业务流程和制造流程的梳理，将传统的纸质工作令卡变成易于计算处理的电子表单。依靠条形码技术为每个电子令卡设计唯一的条形识别码。小小的条形码上，包含着产品的一系列基本信息。而后在流程上设计一系列关键节点进行信息采集，并依靠工作流技术对流程进行自动判断与处理。因为条形码的使用，摒弃了传统的人工手动书写，尽可能避免重复劳动的出现，降低员工疲劳强度的同时提高信息采集的效率。

在实际的操作过程中，市场部将接收的合同订单输入系统，计划办根据当前的生产进度和库存等信息在系统中完成订单评审。订单评审通过后，计划办将订单分解成工作令，根据工作令号生成条形码，与随工单一起打印。条形码与随工单是一一对应的，随工单号（批号）可以代表订单、产品类别和工序设备，扫描条形码即可获得此随工单信息及其对应的订单、产品和工序设备信息。而后在每个工序或工作地点配置一台计算机和一把条形扫描器。此工序完成后，工作人员登录系统，进入生产进度信息采集模块，扫描随工单上的条形码，系统自动获取该随工单代表的订单、产品信息，完成当前工序的设备信息，工作人员将随工单上当前工序的生产进度信息输入系统，并确认此随工单是否转入下一道工序。

基础信息与数据的及时采集与处理，将企业的生产过程变得更为清晰与透明，各个订单的生产状态与生产历史变得可见与可追溯。这对于产品质量的追溯、生产的调度都极具意义，企业的制造能力也因为项目的推进实施得到了极大的提升。

规范数据的管理是数字化转型过程中为提高企业制造能力的又一个重要方面。各种类型的数据是企业生产经营活动的具体体现，通过对数据的整理和管

理，并导出报表是企业管理的基本措施和途径，也是企业的基本业务要求。通过采用报表工具对数据进行规范管理，报表可以帮助企业访问、格式化数据，并把数据信息以安全可靠的方式呈现给使用者。报表工具是应用软件系统中非常重要的环节，是用户最容易变化、最可能扩展的需求；看似简单，实际往往会占用大量的精力与资源。

在生产可视化项目中，首先对报表进行了分类，依照不同类别对报表模板进行了统一。最终共形成 89 个报表模板，其中包含合同模板、不同的企业内部流转单据模板、检验报告模板等。而后采用报表工作实现了报表（告）的不同格式的快速导出，其中有些作为产品交付物的一部分随产品一同交付给客户，从而提高了产品的可追溯性，也赢得了客户的高满意度。

制造能力指标变化分析

通过企业数字化转型实践，其制造能力的相关指标均有了不同程度的积极变化。在质量保障方面，产品的平均合格率从 83%上升到 92%，产品的返厂率从 23%下降到 14%，由于产品质量的提升，订单数量上升了 23%；在制造成本控制方面，产品的平均单位制造成本下降了 19%，由于物料控制精度的提高，产品的平均采购成本也下降了 16%；在产品制造柔性保证方面，当前可随时对生产线进行调整，生产调度的即时性有了很大的提高；在交货保障方面，当前订单的延误率处于 15%以下，且可对延误订单的实时状态进行监控，做到与客户及时沟通，顾客满意度得到了极大的提升；在产品创新方面，当前利用研发支持系统可对研发全过程进行监控，产品的平均研发周期由 17 天缩短至 15 天，且研发数据、研发方案等经验知识得以保存，提高了该类内容的可重用性。

核心观点 **数字化转型是提升电子元器件制造能力的重要手段**

- 如何表征制造能力，在企业数字化转型过程中企业制造能力与数字化的关系如何衡量，需要从深度和广度两个方面重新认识。
- 数字化对企业在质量、交付、创新、柔性、成本等方面均具有正向影响，有助于提升企业制造能力。
- 企业数字化转型要注重技术改造和管理革新的双轮驱动。

第 8 章

智能制造——中国制造步入新时代

从历次工业革命发展的核心动因来看，新技术的发展带来生产效率的极大提升是核心动因，工业基础能力的不断提高则是促进工业体系更新换代的前提。掌握着关键共性技术、关键基础材料、核心基础零部件（元器件）、先进基础工艺的发达国家，始终引领着世界工业发展的潮流，掌握着工业革命的发展进程。随着国家智能制造规划的实施，以及国家制造业创新工程、智能制造重大工程等各项制造强国战略的落地实施，中国制造已经步入新时代。

1　大规模个性化定制渐成趋势

近年来，随着科学技术的发展和社会水平的提高，市场竞争日趋激烈，现代企业面临着严峻的挑战。动态多变的市场以及产品需求的多元化和个性化迫使制造业生产模式发生根本性变革。单一的量产产品已经逐步被个性化产品取代，传统的大规模生产方式已难以满足市场个性化需求。为了应对动态多变市场的挑战，现代企业在考虑生产成本和质量的同时，必须提供多元化的产品选择以满足客户的个性化需求。正是在这种背景下，大规模个性化定制（Mass Individualization）生产方式应运而生，如图 8-1 所示。

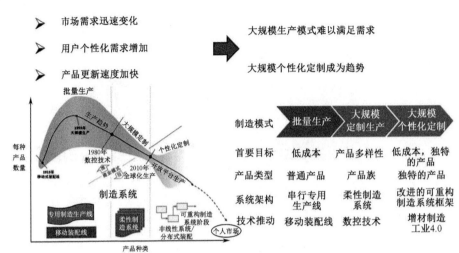

图 8-1 大规模个性化定制生产渐成趋势

　　大规模个性化定制已经在工业领域得到广泛共识，制造企业以产品为核心的竞争已逐渐转变为以客户为核心，通过"规模效益获得利润"也已经逐渐向通过"满足客户个性化需求的不同产品实行差别定价实现利润最大化"转变。激烈的市场竞争和客户需求的多样化，迫使企业越来越重视提高生产系统的柔性和快速响应能力以生产客户定制的个性化产品。近年来工业界的实践充分证明：大规模个性化定制的发展趋势，生产订单动态变化带来对生产系统高柔性、高效率和变批量的迫切需求。

　　大规模个性化定制是以接近大规模的生产效率为客户提供个性化的产品。与传统的大规模生产模式不同，大规模个性化定制着力解决生产高效率、高柔性和客户需求个性化和多样化的矛盾，实现了用户需求个性化和大规模生产的有机结合。大规模个性化定制为制造企业提高市场竞争力提供了新的途径，也不可避免地对传统的生产组织形式带来了严峻挑战。大规模个性化定制要求生产系统具有高柔性、低成本、高效率和变批量等特点，而现代企业的流水线、机群式制造和单元制造等组织形式都无法满足上述要求。因此，为了实现大规模个性化定制生产策略，企业开始对生产模式进行重新组织，模块化制造与装配成为目前研究人员和企业所关注的焦点。

模块化制造

　　模块化制造是指通过组合不同的生产模块来实现个性化产品的生产。目前生产企业和研究人员主要专注于面向全生命周期的产品模块化设计。在制造系统方面，打破原有的流水线模式，代之以执行不同任务的生产模块。现如今，在内卡苏尔姆的奥迪 R8 跑车生产厂，取代流水线的是由多个组装模块（组装岛）组成的模块化装配系统。而奥迪预计在未来 10 年内，模块化装配系统将完全取代原有的流水线模式。

模块化装配系统是一种面向大规模个性化定制产品的可重构装配系统，将传统的装配线根据装配工艺划分为若干个装配模块，装配模块之间通过柔性物流系统构成整个装配系统，如图 8-2 所示。同样，对于模块化装配系统，整个系统的平衡是在宏观的各个装配模块之间进行规划，充分实现各个装配模块的自治。当用户需求发生变化时，可以通过模块间的物流系统满足动态的需求变化，使得装配系统具有柔性和快速响应能力，从而满足大规模个性化定制的要求。另外，模块化的装配系统也使得管理得到简化。

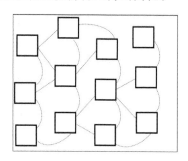

图 8-2　模块化装配系统

模块化制造与装配已成为解决大规模定制的关键，产品的模块化设计也已经被广泛地研究和应用。但是，目前的相关研究仍然缺乏合理划分装配线、构建装配模块，合理进行面向大规模定制的装配系统布局与仿真优化的相关研究，如图 8-3 所示。

① 如何科学构建装配工艺模型，合理定义装配模块，确定模块划分规则，构建装配工艺关系矩阵，是实现对装配线的合理划分、提高装配系统柔性的关键所在，也是进行柔性装配系统布局规划于仿真优化的研究基础。

② 在大规模定制背景下，客户需求的多样化，如何基于订单的动态变化，开展面向模块化装配的鲁棒性布局与动态布局是进行装配系统布局规划与仿真优化的关键。

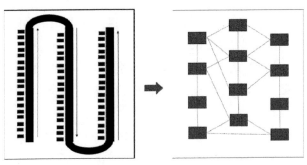

图 8-3　装配线转换为模块化装配系统

定制化运作

大规模个性定制的智能制造新模式，核心是以实现未来产品个性化定制的智能制造为目标，从产品研发设计、区域协同生产制造、销售服务等全生命周期各关键业务环节，以实现从"模块化设计、智能化生产、协同化运作"三个方面解决企业从当前"大规模生产"向"大规模个性化定制的智能制造"新模式转变所面临的重大问题。

① 设计模式转变：针对大规模个性化定制的实际需求，重点解决产品模块化设计、个性化组合的具体问题，如产品平台架构规划、模块化系统/部件/组件/零件的分层级设计规划、模块化资源库的构建等。

② 生产模式转变：针对大规模生产到大规模个性化定制的生产模式转变需求，重点以提高企业柔性制造能力为核心，解决计划排产、物流配送、质量跟踪等关系到大规模个性化定制模式下生产系统的快速高效、灵活响应等问题。

③ 运作模式转变：针对大规模个性化定制的智能制造需求，围绕个性化定制过程中的运作模式，重点解决区域生产基地协同制造、多家供应商的协同化运作问题；并结合产品全生命周期的协同优化需求，实现产品研发设计、生产制造、销售服务及远程运维等多环节数据的集成、挖掘分析与综合应用，解决产品全生命周期闭环优化决策问题。

2　大规模个性化定制的催化剂——智能制造

智能制造是研究制造活动中的信息感知与分析，知识表达与学习，智能决策与执行的综合技术。主要包括智能制造装备、智能制造系统、智能制造服务三个方面，其目标是提高制造效率和质量，降低制造成本。智能制造将促使产品全生命周期各环节——设计、制造、使用以及运维服务等的业务模式发生质的改变。

① 从产品设计视角看，智能制造重新定义产品边界。产品智能化的设计要求发生改变，网络和信息交互的变化使得产品设计模式变化，客户与合作伙伴广泛参与众包、众筹、众智创新设计。产品边界从传统的产品向智能产品、智能互联产品、智能产品系统以及系统的系统方向转变，如图 8-4 所示。

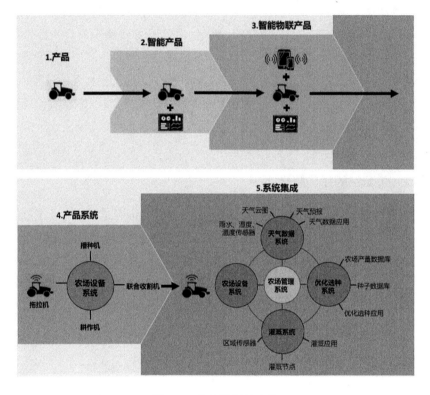

图 8-4　产品边界的变化

② 从制造视角看，智能制造技术重新定义了制造模式。实现了传统制造从地理位置相对集中向分散化、网络化转变；制造过程感知能力不断提升，制造装备智能化程度不断提高；制造过程控制从离线、离散向实时在线、连续可控转变；最终达到制造资源网络化、制造服务专业化、制造业务协同化。

③ 从产品运维角度看，智能制造技术重构了产品运维模式。产品运营模式变化：从离线监测向实时在线监测转变、从产品拥有者管理向多元化管理转变、从生命中期管理向全生命闭环管理转变；产品维修模式变化：从定期维护向基于状态的预测性维修转变、从被动维修向状态监测+主动维修转变、从单纯售后

服务向运营维修服务转变。

智能制造推动上述改变的核心体现在其对传统企业生产系统纵向整合及网络化、价值链的横向整合、产品全生命周期数字化以及技术应用指数式增长四个方面。同时，这四个方面也是制造企业借助技术取得革命性突破的契机所在。

（1）生产系统纵向整合及网络化

网络化的生产系统利用信息物理生产系统（Cyber-Physical Production Systems，CPPS）实现工厂对订单需求、库存水平变化以及突发故障的迅速反应。CPPS 实现了智慧工厂自我管理，并最终落实在支持产品生产的定制化和个性化。而 CCPS 实现对工厂设备的自维护，即生产资源和产品由网络连接，原料和部件可以在任何时候被送往任何需要它的地点。生产流程中的每个环节都被记录，每个差错也会被系统自动记录，这有利于帮助工厂更快速有效地处理订单的变化、质量的波动、设备停机等事故。

（2）价值链的横向整合

与生产系统网络化相似，全球或本地的价值链网络通过 CPPS 相连接，囊括物流、仓储、生产、市场营销及销售，甚至下游服务。任何产品的历史数据和轨迹都有据可查，由此形成一个透明的价值链——从采购到生产再到销售，或从供应商到企业再到客户。客户定制不仅可以在生产阶段实现，还可以在开发、订单、计划、组装和配送环节实现。新的价值链构建了实时优化的价值链网络，可以提高价值链的透明度和灵活性，从而更快速地应对问题和故障。

（3）产品全生命周期数字化

对于传统生产系统而言，新产品生产往往需要新的或调整后的生产系统与之匹配。而在大规模个性化定制时代，这种滞后的生产系统调整无法满足产品个性化定制的快速交付要求。因此，产品全生命周期的数字化将实现产品从开发设计到生产的无缝融合，使产品开发和生产系统产生新的协同效应。在这一过程中，企业可以获取产品生命周期每个阶段的数据，用于制定更具柔性的生产流程。

（4）技术应用指数式增长

技术应用指数式增长将成为大规模个性化定制方案、生产柔性和成本节约的催化剂。大规模个性化定制的智能制造模式要求系统具有高度认知能力和高度自控能力，人工智能、机器人技术、传感技术等新技术应用将进一步提高系统的自动化能力，并加速大规模定制化。

- 人工智能不仅可以使工厂和仓库的无人传送更灵活有效，节约供应链管理成本，增加数据分析和生产的可靠性，还可以帮助企业发现设计及建造的新方案，亦可加强人—机进行服务的协同作用。
- 功能性纳米材料和纳米传感器可以使生产中的质量控制更有效，也使生产下一代可以与人类携手工作的机器人成为可能。
- 3D 打印或增材制造是技术应用指数式增长的典型例子，它加速了工业向智能制造的转型并使之更加灵活。3D 打印将产生新的生产解决方案，如在不增加成本情况下实现更复杂的制造，以及新的供应链解决方案，如库存减少或快速交付。

3　工业互联网平台助推智能制造发展

当前，制造业正处在由数字化、网络化向智能化发展的重要阶段，其核心是基于海量工业数据的全面感知，通过端到端的数据深度集成与建模分析，实现智能化的决策与控制指令，形成智能化生产、网络化协同、个性化定制、服务化延伸等新型制造模式。在这一背景下，传统数字化工具已经无法满足需求。

① 工业数据的爆发式增长需要新的数据管理工具。随着工业系统由物理空间向信息空间、从可见世界向不可见世界延伸，工业数据采集范围不断扩大，数据的类型和规模都呈指数级增长，需要一个全新数据管理工具，实现海量数据低成本、高可靠的存储和管理。

② 企业智能化决策需要新的应用创新载体。数据的丰富为制造企业开展更加精细化和精准化管理创造了前提，但工业场景高度复杂，行业知识千差万别，传统由少数大型企业驱动的应用创新模式难以满足不同企业的差异化需求，迫切需要一个开放的应用创新载体，通过工业数据、工业知识与平台功能的开放调用，降低应用创新门槛，实现智能化应用的爆发式增长。

③ 新型制造模式需要新的业务交互手段。为快速响应市场变化，制造企业间在设计、生产等领域的并行组织与资源协同日益频繁，要求企业设计、生产和管理系统都要更好地支持与其他企业的业务交互，这就需要一个新的交互工具，实现不同主体、不同系统间的高效集成。海量数据管理、工业应用创新与

深度业务协同，是工业互联网平台快速发展的主要驱动力量。

工业互联网平台是面向制造业数字化、网络化、智能化需求，构建基于海量数据采集、汇聚、分析和服务体系，支撑制造资源泛在连接、弹性供给、高效配置的载体，其核心要素包括数据采集体系、IaaS、工业 PaaS、应用服务体系，如图 8-5 所示为工业互联网平台的功能架构。

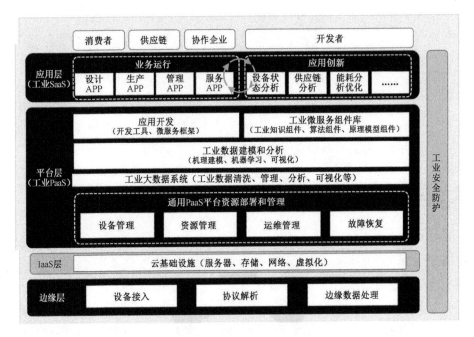

图 8-5　工业互联网平台的功能架构

在数据采集体系方面，通过智能传感器、工业控制系统、物联网技术、智能网关等技术，把设备、系统、产品等方面的数据进行采集。在工业 PaaS 方面，基于平台将云计算、大数据技术与工业生产实际经验相结合形成工业数据基础分析能力；把技术、知识、经验等资源固化为专业软件库、应用模型库、专家知识库等可移植、可复用的软件工具和开发工具，构建云端开放共享开发环境。在应用服务体系方面，面向资产优化管理、工艺流程优化、生产制造协同、资源共享配置等工业需求，为用户提供各类智能应用和解决方案服务。

工业互联网平台对于打造新型工业，促进"互联网+先进制造业"融合发展具有重要作用，主要体现在以下方面。一是能够发挥互联网平台的集聚效应。工业互联网平台承载了数以亿计的设备、系统、工艺参数、软件工具、企业业务需求和制造能力，是工业资源汇聚共享的载体，是网络化协同优化的关键，催生了制造业众包众创、协同制造、智能服务等一系列互联网新模式新业态。二是能够承担工业操作系统的关键角色。工业互联网平台向下连接海量设备，自身承载工业经验与知识模型，向上对接工业优化应用，是工业全要素链接的枢纽，是工业资源配置的核心，驱动着先进制造体系的智能运转。三是能够释放云计算平台的巨大能量。工业互联网平台凭借先进的云计算架构和高性能的云计算基础设施，能够实现对海量异构数据的集成、存储与计算，解决工业数据处理爆炸式增长与现有工业系统计算能力不相匹配的问题，加快以数据为驱动的网络化、智能化进程。

参考文献

[1] 国家制造强国建设战略咨询委员会.《中国制造 2025》解读[M]. 北京：电子工业出版社，2016.

[2] 德国联邦教育研究部. 把握德国制造业的未来《实施"工业 4.0"攻略的建议》[EB/OL]. http://www.bmbf.de/upload_filestore/pub/HTS-Aktionsplan. pdf.

[3] 工业和信息化部国际经济技术合作中心. 工业互联网：突破智慧和机器的界限[EB/OL]. http://intl.ce.cn/specials/zxgjzh/201304/19/t20130419_24307 047.shtml.

[4] World Economic Forum. Readiness for Future of Production Report 2018 [EB/OL]. http://reports.weforum.org/country-readiness-for-future-of-production/? doing_wp_cron=1553391221.8351240158081054687 50.

[5] Akanksha Manik Talya, and Matt Mattox. GE's Digital Industrial Transformation Playbook[EB/OL]. www.ge.com/digital.

[6] George Westerman, Didier Bonnet, and Andrew McAfee. Leading Digital: Turning Technology into Business Transformation[M]. New York: Harvard Business Review Press, 2014.

[7] 贾萍萍. 面向电子元器件的订单跟踪与质量追溯方法研究[D]. 北京：北京理工大学机械与车辆学院，2012.

[8] 柯家伟. 面向订单快速交付的生产过程管控技术研究与系统实现[D]. 北京：北京理工大学机械与车辆学院，2016.

[9] 刘扬. 面向电子元器件的质量数据包构建方法与系统应用研究[D]. 北京：北京理工大学机械与车辆学院，2014.

[10] 吴东峰. 面向电子元器件质量控制的关键技术与系统研究[D]. 北京：北京理工大学机械与车辆学院，2015.

[11] 陈书义. 基于小批量、多品种的军用电子元器件质量追溯研究[D]. 浙江：浙江工业大学，2013.

[12] 马洪江，王祖文，赵波，王宇慧. 军用电子元器件供应商关系管理研究[J]. 管理学报，2010，7(6):868-873.

[13] 鲍智文. 航天产品质量问题归零工作有效性研究[J]. 质量与可靠性，2017 (1):14-18.

[14] 张延伟，刘文丽. 质量问题归零五条要求在航天用元器件失效分析中的应用[C]. 全国第三届航空航天装备失效分析会议，2001.

[15] SpaceX "猎鹰" 九号事故质量归零报告简述[EB/OL]. http://www.sohu.com/a/123304211_472927.

[16] 郭坤. 军用电子元器件基础工艺数据库系统研究与开发[D]. 北京：北京理工大学机械与车辆学院，2016.

[17] 闫嘉伟. 基于信息化的军用电子元器件制造商的制造能力研究[D]. 北京：北京理工大学机械与车辆学院，2016.

[18] Hayes R H, Wheelwright S C. Restoring Our Competitive Edge: Competing Through Manufacturing[M]. New York, N.Y. USA: John Wiley & Son , 1984: 17-21.

[19] Ward P T, Duray R, Keong Leong G, et al. Business Environment, Operations Strategy, and Performance: An Empirical Study of Singapore Manufacturers[C] // Journal of Operations Management1995:99-115(17).

[20] Roth A V, Miller J G. Success Factors in Manufacturing[J]. Business Horizons, 1992, 35(35):73-81.

[21] Safizadeh M. H, Ritzman Larry P, Mallick Debasish. Revisiting Alternative Theoretical Paradigms in Manufacturing Strategy [J]. Production & Operations Management, 2000, 9(2):111-126.

[22] Corbett L M, Claridge G S. Key Manufacturing Capability Elements and Business Performance[J]. International Journal of Production Research, 2002, 40(1):109-131.

[23] Andreas Größler. The Development of Strategic Manufacturing Capabilities in Emerging and Developed Markets[J]. Operations Management Research, 2010, 3(1-2):60-67.

[24] Díaz-Garrido E, Martín-Pena M L, Sánchez-López J M. Competitive Priorities in Operations: Development of an Indicator of Strategic Position[J]. Cirp Journal of Manufacturing Science & Technology, 2011, 4(1):118-125.

[25] Swink M, Hegarty W H. Core Manufacturing Capabilities and Their Links to Product Differentiation[J]. International Journal of Operations & Production Management, 1980, volume 18(4):374-396(23).

[26] Somers T M, Nelson K G. The Impact of Strategy and Integration Mechanisms

on Enterprise System Value: Empirical Evidence from Manufacturing Firms[J]. European Journal of Operational Research, 2003, 146(2):315–338.

[27] Hallgren M, Olhager J. Quantification in Manufacturing Strategy: A Methodology and Illustration[J]. International Journal of Production Economics, 2006, 104(1):113–124.

[28] Terjesen S, Patel P C, Covin J G. Alliance Diversity, Environmental Context and the Value of Manufacturing Capabilities Among new High Technology Ventures[J]. Journal of Operations Management, 2011, 29(1-2):105–115.

[29] Arafa A, Elmaraghy W H. Manufacturing Strategy and Enterprise Dynamic Capability[J]. CIRP Annals - Manufacturing Technology, 2011, 60(1):507-510.

[30] Größler A, Grübner A. An Empirical Model of the Relationships between Manufacturing Capabilities[J]. International Journal of Operations & Production Management, 2006, 26:458-485.

[31] Leonard-Barton D. Core Capabilities and Core Rigidities: A paradox in Managing New Product Development: Strategic Management Journal, 13, 111–125 (Summer 1992)[J]. Long Range Planning, 1993, 26:154.

[32] Amit R, Schoemaker P J H. Strategic Assets and Organizational Rent[J]. Strategic Management Journal, 1993, 14(1):33–46.

[33] Keen P, Mark McDonald. The Eprocess Edge: Creating Customer Value and Business Wealth in the Internet era[J]. Information Systems Management, 2001, 18(1):92-96.

[34] Hafeez K, Zhang Y B, Malak N. Determining Key Capabilities of a Firm Using Analytic Hierarchy Process[J]. International Journal of Production Economics, 2002, 76(1):39-51.

[35] Gindy N N Z, Ratchev T M, Case K. Component Grouping for Cell Formation Using Resource Elements[J]. International Journal of Production Research, 1996, 34(3):727-752.

[36] Adil Baykasoglu. Capability-Based Distributed Layout Approach for Virtual Manufacturing Cells[J]. International Journal of Production Research, 2003, 41(11):2597-2618.

[37] 官建成. 企业制造能力与创新绩效的关系研究：一些中国的实证发现[C]. 第四届全国科技评价学术研讨会暨中德技术创新与管理研讨会，

2004:78-84.

[38] 侯贵松. 影响中国企业未来的十大管理实践[M]. 北京：中国纺织出版社，2004.

[39] 郭海凤，陆力斌，杨洋，等. 组织学习提升企业制造能力的路径研究[J]. 研究与发展管理，2008，01:85-90.

[40] 严隽琪. 基于面向对象与 STEP 技术的制造环境模型研究[J]. 机械工程学报，1996，04:5-10.

[41] 郝京辉，孙树栋，沙全友. 制造资源网络协同环境下广义制造能力资源模型研究[J]. 计算机应用研究，2006，3:60-63. DOI:doi:10.3969/j.issn.1001-3695.2006.03.21.

[42] 雷延军. 武器装备制造能力储备模式研究[D]. 哈尔滨：哈尔滨工业大学，2008.

[43] 程巧莲. 从供应链到价值网的企业制造能力演化研究[D]. 哈尔滨：哈尔滨工业大学，2009.

[44] 李华山. 基于战略类型的制造企业制造能力提升路径实证研究[D]. 哈尔滨：哈尔滨工业大学，2013.

[45] 倪文斌，田也壮，姜振寰，等. 中日制造企业制造战略分类研究[J]. 管理工程学报，2003，4:19-22.

[46] 陆力斌，贾勇，田也壮. 欧洲制造企业战略分类研究[J]. 管理科学，2007，20:9-15.

[47] 郭海凤. 基于企业资源论的制造能力模型研究[D]. 哈尔滨：哈尔滨工业大学，2009.

[48] Hayes R H, Wheelwright S C. Restoring Our Competitive Edge: Competing Through Manufacturing [M]. New York: Wiley,1984.

[49] Roth A V, Velde M V D. Operations as Marketing: a Competitive Service Strategy[J]. Journal of Operations Management, 1991, 10(3):303-328.

[50] Porter M E. Competitive Strategy: Techniques for Analyzing Industries and Competitors[J]. Social Science Electronic Publishing, 1980, (2):86-87.

[51] Schonberger, Richard. World Class Manufacturing : the Lessons of Simplicity Applied[M]. Collier Macmillan: Free Press , 1986:55-58.

[52] Nakane, J. Manufacturing Futures Survey in Japan: a Comparative Survey 1983—1986 [M].System Science Institute, Waseda University,1986.

[53] Ferdows K, Meyer A D. Lasting Improvements in Manufacturing Performance: In Search of a New Theory[J]. Journal of Operations Management, 1990, 9(90):168-184.

[54] Porter M J, Heppelmann J E How Smart, Connected Products Are Transforming Competition[J]. Harvard Business Review, 2014:65-88.

[55] 工业互联网产业联盟.工业互联网平台白皮书[EB/OL]. http://www.aii-alliance.org/index.php?m=content&c=index&a=show&catid=23&id=186.